$$\cot\theta = 1 / \tan\theta$$
$$\csc\theta = 1 / \sin\theta$$
$$\sec\theta = 1 / \cos\theta$$
$$\tan\theta = \sin\theta / \cos\theta$$
$$\cot\theta = \cos\theta / \sin\theta$$
$$\sin\theta = \cos\theta\tan\theta$$
$$\cos\theta = \sin\theta / \tan\theta$$
$$\sec^2\theta = \tan^2\theta + 1$$
$$\csc^2\theta = 1 + \cot^2\theta$$
$$\cot^2\theta = \csc^2\theta - 1$$
$$\cos^2\theta = 1 - \sin^2\theta$$
$$\sin^2\theta = 1 - \cos^2\theta$$
$$\tan^2\theta = \sec^2\theta - 1$$
$$1 = \sin^2\theta + \cos^2\theta$$
$$1 = \cot\theta\tan\theta$$
$$1 = \csc\theta\sin\theta$$
$$1 = \sec\theta\cos\theta$$
$$1 = \sec^2\theta - \tan^2\theta$$
$$1 = \csc^2\theta - \cot^2\theta$$

1

$((1 - \cos^2\theta) + (1 - \sin^2\theta)) + (\csc^2\theta - 1)$

2

$((1 + \cot^2\theta) - 1) - (1 + \cot^2\theta)$

3

$((\tan^2\theta + 1) - (\sec^2\theta - 1)) + (\csc^2\theta - 1)$

4

$(1 / (\cos\theta\tan\theta))(\cos\theta\tan\theta)$

5

$((\tan^2\theta + 1) - 1) + (\csc\theta\sin\theta)$

5

$((1 + \cot^2\theta) - (\csc^2\theta - 1)) + (\csc^2\theta - 1)$

7

$(1 / (\sin\theta / \cos\theta))(\sin\theta / \cos\theta)$

8

$((\sec^2\theta - 1) + 1) - (\sec\theta\cos\theta)$

9

$((1 - \cos^2\theta) + (1 - \sin^2\theta)) - (1 - \sin^2\theta)$

10

$((\sin\theta / \tan\theta)(\sin\theta / \cos\theta)) / (\sin\theta / \cos\theta)$

11

((cosθtanθ) / (sinθ / cosθ)) / (cosθtanθ)

12

((cosθ / sinθ)(sinθ / cosθ)) / (sinθ / cosθ)

13

((1 - cos²θ) + (1 - sin²θ)) / (sinθ / tanθ)

14

((1 / sinθ)(cosθtanθ)) / (sinθ / cosθ)

15

((cosθtanθ) / (sinθ / cosθ))(sinθ / cosθ)

16
(1 + (csc²θ - 1)) - (sec²θ - tan²θ)

17
((sec²θ - 1) + 1) - (sec²θ - 1)

18
((1 / sinθ)(cosθtanθ)) + (csc²θ - 1)

19
((1 + cot²θ) - (csc²θ - 1)) - (1 - sin²θ)

20
(1 - (1 - sin²θ)) + (1 - sin²θ)

21

$((1 - \cos^2\theta) + (1 - \sin^2\theta)) - (1 - \cos^2\theta)$

22

$((1 + \cot^2\theta) - (\csc^2\theta - 1)) / (\cos\theta\tan\theta)$

23

$(1 / \sin\theta)(\sin\theta / \tan\theta)(\sin\theta / \cos\theta)$

24

$(1 / (\sin\theta / \tan\theta))(\sin\theta / \tan\theta)$

25

$(\sec^2\theta - 1) + ((1 / \sin\theta)(\cos\theta\tan\theta))$

26

$((1/\cos\theta)(\sin\theta/\tan\theta)) + (\csc^2\theta - 1)$

27

$(1/\cos\theta)((\cos\theta\tan\theta)/(\sin\theta/\cos\theta))$

28

$(\csc\theta\sin\theta)/((\cos\theta\tan\theta)/(\sin\theta/\cos\theta))$

29

$(\sec^2\theta - 1) + ((1 - \cos^2\theta) + (1 - \sin^2\theta))$

30

$((\tan^2\theta + 1) - (\sec^2\theta - 1)) - (1 - \sin^2\theta)$

31

(cosθtanθ) / ((cosθtanθ) / (sinθ / cosθ))

32

((cosθ / sinθ)(sinθ / cosθ)) + (csc²θ - 1)

33

(tan²θ + 1) - ((tan²θ + 1) - 1)

34

((cosθtanθ) / (sinθ / cosθ)) / (cosθtanθ)

35

(csc²θ - 1) - (1 + (csc²θ - 1))

36

((tan²θ + 1) - 1) + (secθcosθ)

37

(csc²θ - cot²θ) / ((sinθ / tanθ)(sinθ / cosθ))

38

((tan²θ + 1) - (sec²θ - 1)) / ((sinθ / tanθ)

39

(1 + cot²θ) - ((tan²θ + 1) - (sec²θ - 1))

40

(sin²θ + cos²θ) - (1 - (1 - cos²θ))

41

$((\tan^2\theta + 1) - 1) + (\sin^2\theta + \cos^2\theta)$

42

$(1 + \cot^2\theta) - ((1 - \cos^2\theta) + (1 - \sin^2\theta))$

43

$(1 - \cos^2\theta) + (1 - (1 - \cos^2\theta))$

44

$(\cot\theta\tan\theta) / ((\sin\theta / \tan\theta)(\sin\theta / \cos\theta))$

45

$((\sec^2\theta - 1) + 1) - (\csc^2\theta - \cot^2\theta)$

46

$(\sec^2\theta - 1) + ((1/\cos\theta)(\sin\theta/\tan\theta))$

47

$((\sin\theta/\tan\theta)(\sin\theta/\cos\theta))/(\sin\theta/\tan\theta)$

48

$(\cot\theta\tan\theta) - (1 - (1 - \cos^2\theta))$

49

$((\cos\theta/\sin\theta)(\sin\theta/\cos\theta))/(\cos\theta\tan\theta)$

50

$(\cos\theta\tan\theta)/((\cos\theta\tan\theta)/(\sin\theta/\tan\theta))$

51
$(\sin^2\theta + \cos^2\theta) - (1 - (1 - \sin^2\theta))$

52
$(\tan^2\theta + 1) - ((\tan^2\theta + 1) - (\sec^2\theta - 1))$

53
$(1 / \tan\theta)((\cos\theta\tan\theta) / (\sin\theta / \tan\theta))$

54
$((1 / \cos\theta)(\sin\theta / \tan\theta)) / (\cos\theta\tan\theta)$

55
$(1 + \cot^2\theta) - ((1 / \cos\theta)(\sin\theta / \tan\theta))$

56
(tan²θ + 1) - ((1 / sinθ)(cosθtanθ))

57
((1 / cosθ)(sinθ / tanθ)) - (1 - cos²θ)

58
(sinθ / tanθ)((cosθtanθ) / (sinθ / tanθ))

59
(sec²θ - tan²θ) / ((cosθtanθ) / (sinθ / tanθ))

60
((tan²θ + 1) - 1) + (csc²θ - cot²θ)

61

(1 + cot²θ) - ((1 / sinθ)(cosθtanθ))

62

(sec²θ - tan²θ) + ((1 + cot²θ) - 1)

63

(sec²θ - tan²θ) / ((sinθ / tanθ)(sinθ / cosθ))

64

(secθcosθ) - (1 - (1 - sin²θ))

65

(1 + (csc²θ - 1)) - (sin²θ + cos²θ)

66

$(\sec^2\theta - 1) + ((1 + \cot^2\theta) - (\csc^2\theta - 1))$

67

$(\sin^2\theta + \cos^2\theta) / ((\cos\theta\tan\theta) / (\sin\theta / \cos\theta))$

68

$(\sec\theta\cos\theta) / ((\cos\theta\tan\theta) / (\sin\theta / \tan\theta))$

69

$(\csc\theta\sin\theta) / ((\sin\theta / \tan\theta)(\sin\theta / \cos\theta))$

70

$(\sec\theta\cos\theta) - (1 - (1 - \cos^2\theta))$

71

((sec²θ - 1) + 1) - (cscθsinθ)

72

((sec²θ - 1) + 1) - (cotθtanθ)

73

(1 + (csc²θ - 1)) - (cotθtanθ)

74

(sinθ / tanθ) / ((sinθ / tanθ)(sinθ / cosθ))

75

(1 + cot²θ) - ((cosθ / sinθ)(sinθ / cosθ))

76

$((\tan^2\theta + 1) - (\sec^2\theta - 1)) / (\cos\theta\tan\theta)$

77

$(\sec^2\theta - 1) + ((\tan^2\theta + 1) - (\sec^2\theta - 1))$

78

$(\sin^2\theta + \cos^2\theta) + ((1 + \cot^2\theta) - 1)$

79

$(\csc^2\theta - \cot^2\theta) + ((1 + \cot^2\theta) - 1)$

80

$(1 + (\csc^2\theta - 1)) - (\csc^2\theta - \cot^2\theta)$

81

$((1 / \sin\theta)(\cos\theta\tan\theta)) - (1 - \cos^2\theta)$

82

$((1 + \cot^2\theta) - (\csc^2\theta - 1)) / (\sin\theta / \tan\theta)$

83

$(1 + (\csc^2\theta - 1)) - (\csc\theta\sin\theta)$

84

$(\csc^2\theta - 1) - (1 + (\csc^2\theta - 1))$

85

$((1 + \cot^2\theta) - (\csc^2\theta - 1)) - (1 - \cos^2\theta)$

86

$(\tan^2\theta + 1) - ((\tan^2\theta + 1) - 1)$

87

$(\sec^2\theta - \tan^2\theta) - (1 - (1 - \sin^2\theta))$

88

$(1 + \cot^2\theta) - ((1 + \cot^2\theta) - (\csc^2\theta - 1))$

89

$((\tan^2\theta + 1) - (\sec^2\theta - 1)) - (1 - \cos^2\theta)$

90

$((\tan^2\theta + 1) - 1) + (\cot\theta\tan\theta)$

91

$(\csc\theta\sin\theta) - (1 - (1 - \cos^2\theta))$

92

$((\sec^2\theta - 1) + 1) - (\sec^2\theta - \tan^2\theta)$

93

$(\csc^2\theta - \cot^2\theta) / ((\cos\theta\tan\theta) / (\sin\theta / \tan\theta))$

94

$((\cos\theta / \sin\theta)(\sin\theta / \cos\theta)) - (1 - \cos^2\theta)$

95

$(\tan^2\theta + 1) - ((1 / \cos\theta)(\sin\theta / \tan\theta))$

96

$((\tan^2\theta + 1) - 1) + (\sec^2\theta - \tan^2\theta)$

97

$(\csc\theta\sin\theta) / ((\cos\theta\tan\theta) / (\sin\theta / \tan\theta))$

98

$(\csc^2\theta - \cot^2\theta) - (1 - (1 - \sin^2\theta))$

99

$((1 / \cos\theta)(\sin\theta / \tan\theta)) - (1 - \sin^2\theta)$

100

$(\cot\theta\tan\theta) - (1 - (1 - \sin^2\theta))$

101

(sin²θ + cos²θ) / ((cosθtanθ) / (sinθ / tanθ))

102

((cosθ / sinθ)(sinθ / cosθ)) / (sinθ / tanθ)

103

((1 / cosθ)(sinθ / tanθ)) / (sinθ / tanθ)

104

(secθcosθ) / ((cosθtanθ) / (sinθ / cosθ))

105

(sin²θ + cos²θ) / ((sinθ / tanθ)(sinθ / cosθ))

106

(secθcosθ) / ((sinθ / tanθ)(sinθ / cosθ))

107

((tan²θ + 1) - (sec²θ - 1)) / (sinθ / cosθ)

108

(1 + (csc²θ - 1)) - (secθcosθ)

109

(secθcosθ) + ((1 + cot²θ) - 1)

110

(sec²θ - 1) + ((cosθ / sinθ)(sinθ / cosθ))

111

((cosθ / sinθ)(sinθ / cosθ)) - (1 - sin²θ)

112

(sec²θ - tan²θ) - (1 - (1 - cos²θ))

113

((1 + cot²θ) - (csc²θ - 1)) / (sinθ / cosθ)

114

(sec²θ - tan²θ) / ((cosθtanθ) / (sinθ / cosθ))

115

((sec²θ - 1) + 1) - (sin²θ + cos²θ)

116

(cotθtanθ) / ((cosθtanθ) / (sinθ / tanθ))

117

((1 - cos²θ) + (1 - sin²θ)) / (sinθ / cosθ)

118

(cotθtanθ) + ((1 + cot²θ) - 1)

119

(csc²θ - cot²θ) - (1 - (1 - cos²θ))

120

((1 / cosθ)(sinθ / tanθ)) / (sinθ / cosθ)

121

(cscθsinθ) - (1 - (1 - sin²θ))

122

(csc²θ - cot²θ) / ((cosθtanθ) / (sinθ / cosθ))

123

((1 - cos²θ) + (1 - sin²θ)) / (cosθtanθ)

124

(tan²θ + 1) - ((1 - cos²θ) + (1 - sin²θ))

125

((1 / sinθ)(cosθtanθ)) / (cosθtanθ)

126

(cotθtanθ) / ((cosθtanθ) / (sinθ / cosθ))

127

((1 / sinθ)(cosθtanθ)) / (sinθ / tanθ)

128

(tan²θ + 1) - ((cosθ / sinθ)(sinθ / cosθ))

129

(cscθsinθ) + ((1 + cot²θ) - 1)

130

((1 / sinθ)(cosθtanθ)) - (1 - sin²θ)

131
$(((\tan^2\theta + 1) - (\csc^2\theta - \cot^2\theta)) + ((1 / \sin\theta)(\cos\theta\tan\theta)) - (\csc^2\theta - \cot^2\theta))$

132
$(((\sin\theta / \tan\theta)(\sin\theta / \cos\theta)) / ((\cos\theta\tan\theta) / (\sin\theta / \tan\theta))) / (\cos\theta\tan\theta)$

133
$(((\cos\theta\tan\theta) / (\sin\theta / \cos\theta))((\cos\theta\tan\theta) / (\sin\theta / \tan\theta))) / (\sin\theta / \tan\theta)$

134
$(((\csc\theta\sin\theta) / (\sin\theta / \cos\theta))((\cos\theta\tan\theta) / (\sin\theta / \tan\theta))) / (\cos\theta\tan\theta)$

135
$(((1 / \sin\theta)(\cos\theta\tan\theta)) + ((1 + \cot^2\theta) - (\sec\theta\cos\theta))) - (\csc^2\theta - \cot^2\theta)$

136

(((sinθ / tanθ)(sinθ / cosθ)) / ((cosθtanθ) / (sinθ / tanθ))(sinθ / cosθ))

137

(((cotθtanθ) - (1 - sin²θ)) + ((cotθtanθ) - (1 - cos²θ))) - (1 - sin²θ)

138

(((1 / cosθ)(sinθ / tanθ)) / ((cosθtanθ) / (sinθ / tanθ))(sinθ / cosθ))

139

(((1 / cosθ)(sinθ / tanθ)) - ((cotθtanθ) - (1 - cos²θ))) + (1 - sin²θ)

140

(((secθcosθ) / (sinθ / cosθ))((cosθtanθ) / (sinθ / tanθ))) / (sinθ / cosθ)

141

(((sec²θ - 1) + (cotθtanθ)) - ((1 / tanθ)(sinθ / cosθ)) + (cotθtanθ))

142

(((cscθsinθ) + (csc²θ - 1)) - ((1 + cot²θ) - (cscθsinθ))) - (1 - cos²θ)

143

(((sec²θ - 1) + (cotθtanθ)) - ((1 / sinθ)(cosθsinθ))) + (csc²θ - cot²θ)

144

(((cosθtanθ) / (sinθ / cosθ)) / ((cosθtanθ)(cosθtanθ) / (sinθ / tanθ))) / (sinθ / cosθ)

145

(((csc²θ - cot²θ) + (csc²θ - 1)) - ((1 + cot²θ) - (csc²θ - cot²θ))) / (sinθ / tanθ)

146
(((sin²θ + cos²θ) - (1 - sin²θ)) + ((sin²θ + cos²θ) - (1 - cos²θ))) / (cosθtanθ)

147
(((sin²θ + cos²θ)) / (sinθ / cosθ))((cosθtanθ) / (sinθ / tanθ))) / (sinθ / cosθ)

148
(((1 + cot²θ) - (csc²θ - 1)) / ((cosθtanθ) / (sinθ / tanθ))((sinθ / cosθ))

149
(((sin²θ + cos²θ) + (csc²θ - 1)) - ((1 + cot²θ) - (sin²θ + cos²θ))) / (sinθ / cosθ)

150
(((1 / cosθ)(sinθ / tanθ)) + ((1 + cot²θ) - (secθcosθ))) - (cotθtanθ)

151

$(((\tan^2\theta + 1) - (\sec\theta\cos\theta)) + ((\tan^2\theta + 1) - (\sec^2\theta - 1))) - (\sec^2\theta - 1)$

152

$(((\sec\theta\cos\theta) / (\sin\theta / \tan\theta))((\cos\theta\tan\theta) / (\sin\theta / \cos\theta))) / (\sin\theta / \tan\theta)$

153

$(((1 + \cot^2\theta) - (\csc^2\theta - 1)) / ((\sin\theta / \tan\theta)(\sin\theta / \cos\theta)))(\cos\theta\tan\theta)$

154

$(((\sin^2\theta + \cos^2\theta) / (\cos\theta\tan\theta))((\sin\theta / \tan\theta)(\sin\theta / \cos\theta))) / (\sin\theta / \cos\theta)$

155

$(((\sin^2\theta + \cos^2\theta) - (1 - \sin^2\theta)) + ((\sin^2\theta + \cos^2\theta) - (1 - \cos^2\theta))) - (1 - \sin^2\theta)$

156

$(((1 / \cos\theta)(\sin\theta / \tan\theta)) / ((\cos\theta\tan\theta) / (\sin\theta / \cos\theta)))(\sin\theta / \tan\theta)$

157

$(((\sec\theta\cos\theta) + (\csc^2\theta - 1)) - ((1 + \cot^2\theta) - (\sec\theta\cos\theta))) - (1 - \cos^2\theta)$

158

$(((\tan^2\theta + 1) - (\csc^2\theta - \cot^2\theta)) + ((1 - \cos^2\theta) + (1 - \sin^2\theta))) - (\sec^2\theta - 1)$

159

$(((\csc^2\theta - \cot^2\theta) / (\cos\theta\tan\theta))((\sin\theta / \tan\theta)(\sin\theta / \cos\theta))) / (\sin\theta / \tan\theta)$

160

$(((\tan^2\theta + 1) - (\sec^2\theta - \tan^2\theta)) + ((1 + \cot^2\theta) - (\csc^2\theta - 1))) - (\sec\theta\cos\theta)$

161

$(((sec^2\theta - 1) + (cot\theta tan\theta)) - ((1 + cot^2\theta) - (csc^2\theta - 1))) + (sin^2\theta + cos^2\theta)$

162

$(((cot\theta tan\theta) / (sin\theta / cos\theta))((cos\theta tan\theta) / (sin\theta / tan\theta))) / (sin\theta / cos\theta)$

163

$(((1 - cos^2\theta) + (1 - sin^2\theta)) + ((1 + cot^2\theta) - (sec\theta cos\theta))) - (sec^2\theta - tan^2\theta)$

164

$(((1 / sin\theta)(cos\theta tan\theta)) / ((sin\theta / tan\theta)(sin\theta / cos\theta)))(cos\theta tan\theta)$

165

$(((tan^2\theta + 1) - (sin^2\theta + cos^2\theta)) + ((1 / tan\theta)(sin\theta / cos\theta))) - (cot\theta tan\theta)$

166

$(((\tan^2\theta + 1) - (\sin^2\theta + \cos^2\theta)) + ((1 + \cot^2\theta) - (\csc^2\theta - 1))) - (\csc\theta\sin\theta)$

167

$(((\cot\theta\tan\theta) - (1 - \sin^2\theta)) + ((\cot\theta\tan\theta) - (1 - \cos^2\theta))) / (\sin\theta / \tan\theta)$

168

$(((\sec^2\theta - 1) + (\sin^2\theta + \cos^2\theta)) - ((1 + \cot^2\theta) - (\csc^2\theta - 1))) + (\csc\theta\sin\theta)$

169

$(((\sec^2\theta - \tan^2\theta) - (1 - \sin^2\theta)) + ((\sec^2\theta - \tan^2\theta) - (1 - \cos^2\theta))) + (\csc^2\theta - 1)$

170

$(((\sin^2\theta + \cos^2\theta) + (\csc^2\theta - 1)) - ((1 / \tan\theta)(\sin\theta / \cos\theta))) - (1 + \cot^2\theta)$

171

$(((\sec^2\theta - 1) + (\sec^2\theta - \tan^2\theta)) - ((1 + \cot^2\theta) - (\csc^2\theta - 1))) + (\cot\theta\tan\theta)$

172

$(((1 - \cos^2\theta) + (1 - \sin^2\theta)) - ((\csc\theta\sin\theta) - (1 - \cos^2\theta))) + (1 - \sin^2\theta)$

173

$(((\sec\theta\cos\theta) + (\csc^2\theta - 1)) - ((1 / \tan\theta)(\sin\theta / \cos\theta))) - (1 + \cot^2\theta)$

174

$(((\tan^2\theta + 1) - (\sin^2\theta + \cos^2\theta)) + ((1 + \cot^2\theta) - (\csc^2\theta - 1))) - (\sec^2\theta - \tan^2\theta)$

175

$(((\sec^2\theta - 1) + (\csc\theta\sin\theta)) - ((1 / \cos\theta)(\sin\theta / \tan\theta))) + (\csc^2\theta - \cot^2\theta)$

176

$(((\cot\theta\tan\theta) / (\sin\theta / \tan\theta))((\cos\theta\tan\theta) / (\sin\theta / \cos\theta))) / (\cos\theta\tan\theta)$

177

$(((\cot\theta\tan\theta) / (\sin\theta / \tan\theta))((\cos\theta\tan\theta) / (\sin\theta / \cos\theta))) / (\sin\theta / \cos\theta)$

178

$(((\cot\theta\tan\theta) + (\csc^2\theta - 1)) - ((\tan^2\theta + 1) - (\sec^2\theta - 1))) - (1 + \cot^2\theta)$

179

$(((1 / \sin\theta)(\cos\theta\tan\theta)) + ((1 + \cot^2\theta) - (\csc^2\theta - \cot^2\theta))) - (\csc\theta\sin\theta)$

180

$(((\tan^2\theta + 1) - (\cot\theta\tan\theta)) + ((1 / \tan\theta)(\sin\theta / \cos\theta))) - (\sec^2\theta - 1)$

181

$(((1 / \sin\theta)(\cos\theta\tan\theta)) - ((\sec\theta\cos\theta) - (1 - \cos^2\theta))) + (1 - \sin^2\theta\ )$

182

$(((1 + \cot^2\theta) - (\csc^2\theta - 1)) / ((\cos\theta\tan\theta) / (\sin\theta / \cos\theta)))(\sin\theta / \tan\theta)$

183

$(((\sec\theta\cos\theta) / (\cos\theta\tan\theta))((\sin\theta / \tan\theta)(\sin\theta / \cos\theta))) - (1 - \cos^2\theta)$

184

$(((1\ /\ \tan\theta)(\sin\theta / \cos\theta)) / ((\sin\theta / \tan\theta)(\sin\theta / \cos\theta)))(\cos\theta\tan\theta)$

185

$(((\sin^2\theta\ + \cos^2\theta) + (\csc^2\theta - 1)) - ((1 + \cot^2\theta) - (\sin^2\theta\ + \cos^2\theta))) - (1 - \sin^2\theta\ )$

186

$(((\sec^2\theta - 1) + (\cot\theta\tan\theta)) - ((\tan^2\theta + 1) - (\cot\theta\tan\theta)) - (1 - \sin^2\theta))$

187

$(((\csc\theta\sin\theta) / (\sin\theta / \tan\theta))((\cos\theta\tan\theta) / (\sin\theta / \cos\theta)) - (1 - \sin^2\theta))$

188

$(((1 + \cot^2\theta) - (\csc^2\theta - 1)) - ((\sin^2\theta + \cos^2\theta) - (1 - \cos^2\theta))) + (1 - \sin^2\theta)$

189

$(((\sec^2\theta - 1) + (\sin^2\theta + \cos^2\theta)) - ((\tan^2\theta + 1) - (\sin^2\theta + \cos^2\theta))) - (1 - \sin^2\theta)$

190

$(((1 / \sin\theta)(\cos\theta\tan\theta)) + ((1 + \cot^2\theta) - (\csc\theta\sin\theta))) - (\cot\theta\tan\theta)$

191

$(((\tan^2\theta + 1) - (\sec^2\theta - 1)) / ((\cos\theta\tan\theta / (\sin\theta / \tan\theta))(\sin\theta / \cos\theta))$

192

$(((\tan^2\theta + 1) - (\csc^2\theta - \cot^2\theta)) + ((1 + \cot^2\theta) - (\csc^2\theta - 1))) - (\sec^2\theta - 1)$

193

$(((\tan^2\theta + 1) - (\cot\theta\tan\theta)) + ((1 - \cos^2\theta) + (1 - \sin^2\theta))) - (\sec^2\theta - 1)$

194

$(((\csc\theta\sin\theta) - (1 - \sin^2\theta)) + ((\csc\theta\sin\theta) - (1 - \cos^2\theta))) + (\csc^2\theta - 1)$

195

$(((\sec^2\theta - 1) + (\csc^2\theta - \cot^2\theta)) - ((1 / \tan\theta)(\sin\theta / \cos\theta))) + (\sec\theta\cos\theta)$

196

$(((1 - \cos^2\theta) + (1 - \sin^2\theta)) - ((\sec^2\theta - \tan^2\theta) - (1 - \cos^2\theta))) + (1 - \sin^2\theta)$

197

$(((\sec\theta\cos\theta) / (\cos\theta\tan\theta))((\sin\theta / \tan\theta)(\sin\theta / \cos\theta))) / (\sin\theta / \tan\theta)$

198

$(((\tan^2\theta + 1) - (\sec\theta\cos\theta)) + ((1 / \tan\theta)(\sin\theta / \cos\theta))) - (\sec^2\theta - 1)$

199

$(((\sec^2\theta - \tan^2\theta) + (\csc^2\theta - 1)) - ((1 + \cot^2\theta) - (\sec^2\theta - \tan^2\theta))) / (\sin\theta / \cos\theta)$

200

$(((\sin^2\theta + \cos^2\theta) + (\csc^2\theta - 1)) - ((1 / \cos\theta)(\sin\theta / \tan\theta))) - (1 + \cot^2\theta)$

201
(((1 - cos²θ) + (1 - sin²θ)) + ((1 + cot²θ) - (csc²θ - cot²θ))) - (cscθsinθ)

202
(((sec²θ - tan²θ) + (csc²θ - 1)) - ((tan²θ + 1) - (sec²θ - 1))) - (1 + cot²θ)

203
(((cotθtanθ) / (cosθtanθ))(sinθ / tanθ)(sinθ / cosθ)) - (1 - cos²θ)

204
(((1 / tanθ)(sinθ / cosθ)) / ((cosθtanθ) / (sinθ / cosθ)))(sinθ / tanθ)

205
((sec²θ - tan²θ) / (sinθ / cosθ))((cosθtanθ) / (sinθ / tanθ))) / (sinθ / tanθ)

206
(((1 + cot²θ) - (csc²θ - 1)) + ((1 + cot²θ) - (sin²θ + cos²θ))) - (cotθtanθ)

207
((1 / cosθ)(sinθ / tanθ)) - ((csc²θ - cot²θ) - (1 - cos²θ)) + (1 - sin²θ)

208
(((sec²θ - tan²θ) / (sinθ / tanθ))((cosθtanθ) / (sinθ / cosθ)) / (sinθ / tanθ)

209
(((1 / tanθ)(sinθ / cosθ)) - ((cotθtanθ) - (1 - cos²θ))) + (1 - sin²θ)

210
(((1 - cos²θ) + (1 - sin²θ)) / ((sinθ / tanθ)(sinθ / cosθ))(cosθtanθ)

211

$(((\sec^2\theta - 1) + (\sec\theta\cos\theta)) - ((\tan^2\theta + 1) - (\sec\theta\cos\theta))) / (\sin\theta / \cos\theta)$

212

$(((1 / \sin\theta)(\cos\theta\tan\theta)) / ((\cos\theta\tan\theta) / (\sin\theta / \cos\theta))(\sin\theta / \tan\theta))$

213

$(((\sec^2\theta - 1) + (\cot\theta\tan\theta)) - ((1 / \cos\theta)(\sin\theta / \tan\theta))) + (\csc^2\theta - \cot^2\theta)$

214

$(((\csc^2\theta - \cot^2\theta) / (\cos\theta\tan\theta))((\sin\theta / \tan\theta)(\sin\theta / \cos\theta))) / (\sin\theta / \cos\theta)$

215

$(((\sin^2\theta + \cos^2\theta) / (\cos\theta\tan\theta))((\sin\theta / \tan\theta)(\sin\theta / \cos\theta))) / (\sin\theta / \tan\theta)$

216

$(((\sec^2\theta - 1) + (\csc\theta\sin\theta)) - ((1 / \sin\theta)(\cos\theta\tan\theta))) + (\sec^2\theta - \tan^2\theta)$

217

$(((1 / \tan\theta)(\sin\theta / \cos\theta)) + ((1 + \cot^2\theta) - (\csc\theta\sin\theta))) - (\sec^2\theta - \tan^2\theta)$

218

$(((\tan^2\theta + 1) - (\sec^2\theta - 1)) - ((\sin^2\theta + \cos^2\theta) - (1 - \cos^2\theta))) + (1 - \sin^2\theta)$

219

$(((\tan^2\theta + 1) - (\csc\theta\sin\theta)) + ((\tan^2\theta + 1) - (\sec^2\theta - 1))) - (\sec^2\theta - 1)$

220

$(((\csc\theta\sin\theta) - (1 - \sin^2\theta)) + ((\csc\theta\sin\theta) - (1 - \cos^2\theta))) - (1 - \cos^2\theta)$

221

(((tan²θ + 1) - (sec²θ - tan²θ)) + ((1 / tanθ)(sinθ / cosθ))) - (secθcosθ)

222

(((cscθsinθ) + (csc²θ - 1)) - ((1 + cot²θ) - (csc²θ - 1))) - (1 + cot²θ)

223

(((1 + cot²θ) - (csc²θ - 1)) - ((secθcosθ) - (1 - cos²θ))) + (1 - sin²θ)

224

(((1 - cos²θ) + (1 - sin²θ)) + ((1 + cot²θ) - (sin²θ + cos²θ))) - (csc²θ - cot²θ)

225

(((tan²θ + 1) - (sec²θ - 1)) / ((cosθtanθ) / (sinθ / cosθ))(sinθ / tanθ)

226

$((1 / \sin\theta)(\cos\theta\tan\theta)) / ((\cos\theta\tan\theta) / (\sin\theta / \tan\theta))(\sin\theta / \cos\theta)$

227

$(((\tan^2\theta + 1) - (\sec^2\theta - 1)) - ((\cot\theta\tan\theta) - (1 - \cos^2\theta))) + (1 - \sin^2\theta\ )$

228

$(((\sec^2\theta - 1) + (\csc^2\theta - \cot^2\theta)) - ((1 / \cos\theta)(\sin\theta / \tan\theta))) + (\csc^2\theta - \cot^2\theta)$

229

$(((1 / \cos\theta)(\sin\theta / \tan\theta)) + ((1 + \cot^2\theta) - (\sin^2\theta + \cos^2\theta))) - (\csc^2\theta - \cot^2\theta)$

230

$(((1 + \cot^2\theta) - (\csc^2\theta - 1)) + ((1 + \cot^2\theta) - (\sin^2\theta + \cos^2\theta))) - (\csc\theta\sin\theta)$

231

$(((\sin^2\theta + \cos^2\theta) + (\csc^2\theta - 1)) - ((1 / \sin\theta)(\cos\theta\tan\theta))) - (1 + \cot^2\theta)$

232

$(((\sec^2\theta - 1) + (\csc\theta\sin\theta)) - ((1 - \cos^2\theta) + (1 - \sin^2\theta))) + (\csc^2\theta - \cot^2\theta)$

233

$(((\csc\theta\sin\theta) / (\sin\theta / \cos\theta))((\cos\theta\tan\theta) / (\sin\theta / \tan\theta))) / (\sin\theta / \cos\theta)$

234

$(((\sec^2\theta - 1) + (\csc\theta\sin\theta)) - ((1 / \cos\theta)(\sin\theta / \tan\theta))) + (\sin^2\theta + \cos^2\theta)$

235

$(((1 + \cot^2\theta) - (\csc^2\theta - 1)) + ((1 + \cot^2\theta) - (\csc^2\theta - \cot^2\theta))) - (\sec^2\theta - \tan^2\theta)$

236

((1 - cos²θ) + (1 - sin²θ)) / ((cosθtanθ) / (sinθ / tanθ))(sinθ / cosθ)

237

((tan²θ + 1) - (cotθtanθ)) + ((1 - cos²θ) + (1 - sin²θ)) - (csc²θ - cot²θ)

238

((tan²θ + 1) - (cscθsinθ)) + ((tan²θ + 1) - (sec²θ - 1)) - (secθcosθ)

239

((sin²θ + cos²θ) - (1 - sin²θ)) + ((sin²θ + cos²θ) - (1 - cos²θ)) / (sinθ / tanθ)

240

((cscθsinθ) / (sinθ / tanθ))((cosθtanθ) / (sinθ / cosθ)) / (sinθ / cosθ)

241

$(((\sec^2\theta - 1) + (\sin^2\theta + \cos^2\theta)) - ((\tan^2\theta + 1) - (\sin^2\theta + \cos^2\theta))) / (\cos\theta\tan\theta)$

242

$(((\sec\theta\cos\theta) + (\csc^2\theta - 1)) - ((1 + \cot^2\theta) - (\sec\theta\cos\theta))) - (1 - \sin^2\theta)$

243

$(((\csc\theta\sin\theta) / (\sin\theta / \cos\theta))((\cos\theta\tan\theta) / (\sin\theta / \tan\theta))) - (1 - \sin^2\theta)$

244

$(((\sec^2\theta - 1) + (\cot\theta\tan\theta)) - ((\tan^2\theta + 1) - (\cot\theta\tan\theta))) / (\sin\theta / \cos\theta)$

245

$(((\sec^2\theta - \tan^2\theta) - (1 - \sin^2\theta)) + ((\sec^2\theta - \tan^2\theta) - (1 - \cos^2\theta))) - (1 - \cos^2\theta)$

246

$(((\sec\theta\cos\theta) - (1 - \sin^2\theta)) + ((\sec\theta\cos\theta) - (1 - \cos^2\theta))) - (1 - \cos^2\theta)$

247

$(((1 \ / \ \tan\theta)(\sin\theta \ / \ \cos\theta)) - ((\csc\theta\sin\theta) - (1 - \cos^2\theta))) + (1 - \sin^2\theta)$

248

$(((\cot\theta\tan\theta) \ / \ (\sin\theta \ / \ \tan\theta))((\cos\theta\tan\theta) \ / \ (\sin\theta \ / \ \cos\theta))) - (1 - \cos^2\theta)$

249

$(((1 - \cos^2\theta) + (1 - \sin^2\theta)) - ((\csc^2\theta - \cot^2\theta) - (1 - \cos^2\theta))) + (1 - \sin^2\theta)$

250

$(((1 + \cot^2\theta) - (\csc^2\theta - 1)) + ((1 + \cot^2\theta) - (\csc\theta\sin\theta))) - (\sec^2\theta - \tan^2\theta)$

251

$(((\sec^2\theta - 1) + (\sec^2\theta - \tan^2\theta)) - ((1 / \sin\theta)(\cos\theta\tan\theta))) + (\csc^2\theta - \cot^2\theta)$

252

$(((\sec\theta\cos\theta) / (\sin\theta / \cos\theta))((\cos\theta\tan\theta) / (\sin\theta / \tan\theta)) / (\cos\theta\tan\theta)) / (\cos\theta\tan\theta)$

253

$(((\tan^2\theta + 1) - (\sin^2\theta + \cos^2\theta)) + ((1 / \sin\theta)(\cos\theta\tan\theta))) - (\cot\theta\tan\theta)$

254

$(((1 / \sin\theta)(\cos\theta\tan\theta)) + ((1 + \cot^2\theta) - (\cot\theta\tan\theta))) - (\sin^2\theta + \cos^2\theta)$

255

$((\cos^2\theta) + (1 - \sin^2\theta)) + ((1 + \cot^2\theta) - (\csc^2\theta - \cot^2\theta))) - (\cot\theta\tan\theta)$

256

$(((sec\theta cos\theta) - (1 - sin^2\theta)) + ((sec\theta cos\theta) - (1 - cos^2\theta))) + (csc^2\theta - 1)$

257

$(((tan^2\theta + 1) - (sec^2\theta - 1)) + ((1 + cot^2\theta) - (csc^2\theta - cot^2\theta))) - (sec\theta cos\theta)$

258

$(((cot\theta tan\theta) + (csc^2\theta - 1)) - ((1 + cot^2\theta) - (cot\theta tan\theta))) - (1 - cos^2\theta)$

259

$(((sec^2\theta - 1) + (csc^2\theta - cot^2\theta)) - ((1 / sin\theta)(cos\theta tan\theta))) + (sec\theta cos\theta)$

260

$(((sec^2\theta - 1) + (sin^2\theta + cos^2\theta)) - ((tan^2\theta + 1) - (sin^2\theta + cos^2\theta))) - (1 - cos^2\theta)$

261

$(((\tan^2\theta + 1) - (\sin^2\theta + \cos^2\theta)) + ((1 - \cos^2\theta) + (1 - \sin^2\theta))) - (\sec^2\theta - 1)$

262

$(((1 / \tan\theta)(\sin\theta / \cos\theta)) / ((\cos\theta\tan\theta) / (\sin\theta / \tan\theta)))(\sin\theta / \cos\theta)$

263

$(((\csc^2\theta - \cot^2\theta) / (\sin\theta / \cos\theta))(\cos\theta\tan\theta) / (\sin\theta / \tan\theta))) / (\sin\theta / \tan\theta)$

264

$(((\sec^2\theta - 1) + (\csc^2\theta - \cot^2\theta)) - ((\tan^2\theta + 1) - (\sec^2\theta - 1))) + (\cot\theta\tan\theta)$

265

$(((1 / \cos\theta)(\sin\theta / \tan\theta)) + ((1 + \cot^2\theta) - (\cot\theta\tan\theta))) - (\sec\theta\cos\theta)$

266

(((cotθtanθ) - (1 - sin²θ)) + ((cotθtanθ) - (1 - cos²θ))) - (1 - cos²θ)

267

(((sin²θ + cos²θ) + (csc²θ - 1)) - ((1 + cot²θ) - (sin²θ + cos²θ))) / (sinθ / tanθ)

268

(((sec²θ - 1) + (cotθtanθ)) - ((tan²θ + 1) - (sec²θ - 1))) + (sin²θ + cos²θ)

269

(((sin²θ + cos²θ) / (sinθ / tanθ))((cosθtanθ) / (sinθ / cosθ))) / (cosθtanθ)

270

(((tan²θ + 1) - (sin²θ + cos²θ)) + ((1 / sinθ)(cosθtanθ))) - (csc²θ - cot²θ)

271

$(((sec^2θ - 1) + (secθcosθ)) - ((tan^2θ + 1) - (secθcosθ))) + (csc^2θ - 1)$

272

$(((1 / cosθ)(sinθ / tanθ)) / ((sinθ / tanθ)(sinθ / cosθ)))(cosθtanθ)$

273

$(((secθcosθ) / (sinθ / tanθ))((cosθtanθ) / (sinθ / cosθ))) / (sinθ / cosθ)$

274

$(((tan^2θ + 1) - (sec^2θ - 1)) / ((sinθ / tanθ)(sinθ / cosθ)))(cosθtanθ)$

275

$(((1 - cos^2θ) + (1 - sin^2θ)) + ((1 + cot^2θ) - (sec^2θ - tan^2θ))) - (secθcosθ)$

276

(((tan²θ + 1) - (cotθtanθ)) + ((1 / sinθ)(cosθtanθ))) - (sec²θ - tan²θ)

277

(((secθcosθ) / (cosθtanθ))(sinθ / tanθ)(sinθ / cosθ))) / (cosθtanθ)

278

(((secθcosθ) + (csc²θ - 1)) - ((1 + cot²θ) - (secθcosθ))) / (cosθtanθ)

279

(((sec²θ - 1) + (secθcosθ)) - ((tan²θ + 1) - (secθcosθ))) / (sinθ / tanθ)

280

(((sec²θ - tan²θ) / (sinθ / tanθ))((cosθtanθ) / (sinθ / cosθ))) / (sinθ / cosθ)

281

$(((sec^2\theta - 1) + (sec\theta cos\theta)) - ((1 / tan\theta)(sin\theta / cos\theta))) + (sec^2\theta - tan^2\theta)$

282

$(((sin^2\theta + cos^2\theta) / (sin\theta / cos\theta))((cos\theta tan\theta) / (sin\theta / tan\theta))) / (sin\theta / tan\theta)$

283

$(((1 - cos^2\theta) + (1 - sin^2\theta)) - ((sin^2\theta + cos^2\theta) - (1 - cos^2\theta))) + (1 - sin^2\theta)$

284

$(((cot\theta tan\theta) + (csc^2\theta - 1)) - ((1 + cot^2\theta) - (cot\theta tan\theta))) / (sin\theta / cos\theta)$

285

$(((sec^2\theta - tan^2\theta) - (1 - sin^2\theta)) + ((sec^2\theta - tan^2\theta) - (1 - cos^2\theta))) / (sin\theta / tan\theta)$

286
$(((\sec^2\theta - \tan^2\theta) / (\cos\theta\tan\theta))(\sin\theta / \tan\theta)(\sin\theta / \cos\theta))) - (1 - \cos^2\theta)$

287
$(((\tan^2\theta + 1) - (\sec^2\theta - 1)) - ((\csc\theta\sin\theta) - (1 - \cos^2\theta))) + (1 - \sin^2\theta)$

288
$(((\sec^2\theta - \tan^2\theta) / \sin\theta / \tan\theta))((\cos\theta\tan\theta)(\sin\theta / \cos\theta))) - (1 - \sin^2\theta)$

289
$(((1 / \cos\theta)(\sin\theta / \tan\theta)) - ((\sec\theta\cos\theta) - (1 - \cos^2\theta))) + (1 - \sin^2\theta)$

290
$(((\tan^2\theta + 1) - (\csc^2\theta - \cot^2\theta)) + ((1 / \tan\theta)(\sin\theta / \cos\theta))) - (\csc\theta\sin\theta)$

291

(((1 / cosθ)(sinθ / tanθ)) + ((1 + cot²θ) - (csc²θ - cot²θ))) - (cscθsinθ)

292

(((sec²θ - 1) + (cotθtanθ)) - ((tan²θ + 1) - (sec²θ - 1))) + (cscθsinθ)

293

(((1 / sinθ)(cosθtanθ)) + ((1 + cot²θ) - (sin²θ + cos²θ))) - (sin²θ + cos²θ)

294

(((1 / sinθ)(cosθtanθ)) - ((sin²θ + cos²θ) - (1 - cos²θ))) + (1 - sin²θ)

295

(((tan²θ + 1) - (csc²θ - cot²θ)) + ((1 / cosθ)(sinθ / tanθ))) - (sec²θ - 1)

296
(((tan²θ + 1) - (cotθtanθ)) + ((1 - cos²θ) + (1 - sin²θ))) - (sec²θ - tan²θ)

297
(((sec²θ - 1) + (secθcosθ)) - ((1 / sinθ)(cosθtanθ))) + (sec²θ - tan²θ)

298
(((csc²θ - cot²θ) + (csc²θ - 1)) - ((1 / cosθ)(sinθ / tanθ))) - (1 + cot²θ)

299
(((1 / cosθ)(sinθ / tanθ)) + ((1 + cot²θ) - (sec²θ - tan²θ))) - (secθcosθ)

300
(((1 + cot²θ) - (csc²θ - 1)) + ((1 + cot²θ) - (cscθsinθ))) - (cscθsinθ)

301

$$(((\tan^2\theta + 1) - (\cot\theta\tan\theta)) + ((1 / \sin\theta)(\cos\theta\tan\theta))) - (\cot\theta\tan\theta)$$

302

$$(((\sec\theta\cos\theta) / (\cos\theta\tan\theta))((\sin\theta / \tan\theta)(\sin\theta / \cos\theta))) + (\csc^2\theta - 1)$$

303

$$(((\tan^2\theta + 1) - (\sec\theta\cos\theta)) + ((1 + \cot^2\theta) - (\csc^2\theta - 1))) - (\sin^2\theta + \cos^2\theta)$$

304

$$(((\sec^2\theta - 1) + (\csc^2\theta - \cot^2\theta)) - ((1 - \cos^2\theta) + (1 - \sin^2\theta))) + (\csc^2\theta - \cot^2\theta)$$

305

$$(((1 / \tan\theta)(\sin\theta / \cos\theta)) + ((1 + \cot^2\theta) - (\csc\theta\sin\theta))) - (\csc^2\theta - \cot^2\theta)$$

306

$(((\csc\theta\sin\theta) / (\cos\theta\tan\theta))(\sin\theta / \tan\theta)(\sin\theta / \cos\theta))) - (1 - \sin^2\theta)$

307

$(((\sec^2\theta - 1) + (\sec^2\theta - \tan^2\theta)) - ((1 + \cot^2\theta) - (\csc^2\theta - 1))) + (\sec\theta\cos\theta)$

308

$(((\cot\theta\tan\theta) + (\csc^2\theta - 1)) - ((1 + \cot^2\theta) - (\cot\theta\tan\theta))) + (\csc^2\theta - 1)$

309

$(((\cot\theta\tan\theta) / (\cos\theta\tan\theta))(\sin\theta / \tan\theta)(\sin\theta / \cos\theta))) / (\sin\theta / \cos\theta)$

310

$(((1 / \cos\theta)(\sin\theta / \tan\theta)) + ((1 + \cot^2\theta) - (\sec^2\theta - \tan^2\theta))) - (\csc^2\theta - \cot^2\theta)$

311

(((sec²θ - tan²θ) / (sinθ / tanθ))((cosθtanθ) / (sinθ / cosθ))) - (1 - cos²θ)

312

(((sec²θ - 1) + sin²θ + cos²θ)) - ((tan²θ + 1) - (sin²θ + cos²θ))) / (sinθ / tanθ)

313

(((cotθtanθ) / (sinθ / tanθ))((cosθtanθ) / (sinθ / cosθ))) / (sinθ / tanθ)

314

(((secθcosθ) + (csc²θ - 1)) - ((1 - cos²θ) + (1 - sin²θ))) - (1 + cot²θ)

315

(((sec²θ - tan²θ) / (sinθ / tanθ))((cosθtanθ) / (sinθ / cosθ))) / (cosθtanθ)

316

$(((1 - \cos^2\theta) + (1 - \sin^2\theta)) + ((1 + \cot^2\theta) - (\sin^2\theta + \cos^2\theta))) - (\sec\theta\cos\theta)$

317

$(((1 / \tan\theta)(\sin\theta / \cos\theta) - ((\sec\theta\cos\theta) - (1 - \cos^2\theta))) + (1 - \sin^2\theta\ )$

318

$(((\csc^2\theta - \cot^2\theta) / (\sin\theta / \tan\theta))((\cos\theta\tan\theta) / (\sin\theta / \cos\theta))) - (1 - \sin^2\theta\ )$

319

$(((\sec\theta\cos\theta) - (1 - \sin^2\theta\ )) + ((\sec\theta\cos\theta) - (1 - \cos^2\theta))) / (\sin\theta / \tan\theta)$

320

$(((1 / \cos\theta)(\sin\theta / \tan\theta)) - ((\sec^2\theta - \tan^2\theta) - (1 - \cos^2\theta))) + (1 - \sin^2\theta\ )$

321

$(((\tan^2\theta + 1) - (\sec^2\theta - \tan^2\theta)) + ((1 / \cos\theta)(\sin\theta / \tan\theta))) - (\sec^2\theta - 1)$

322

$(((\sec^2\theta - 1) + (\csc\theta\sin\theta)) - ((\tan^2\theta + 1) - (\csc\theta\sin\theta))) / (\sin\theta / \tan\theta)$

323

$(((\tan^2\theta + 1) - (\csc^2\theta - \cot^2\theta)) + ((1 / \cos\theta)(\sin\theta / \tan\theta))) - (\sin^2\theta + \cos^2\theta)$

324

$(((\csc^2\theta - \cot^2\theta) + (\csc^2\theta - 1)) - ((1 + \cot^2\theta) - (\csc^2\theta - \cot^2\theta))) - (1 - \sin^2\theta)$

325

$(((\sec\theta\cos\theta) / (\sin\theta / \tan\theta))((\cos\theta\tan\theta) / (\sin\theta / \cos\theta))) / (\cos\theta\tan\theta)$

326

$((1 / \sin\theta)(\cos\theta\tan\theta)) - ((\cot\theta\tan\theta) - (1 - \cos^2\theta)) + (1 - \sin^2\theta)$

327

$((1 / \cos\theta)(\sin\theta / \tan\theta)) - ((\sin^2\theta + \cos^2\theta) - (1 - \cos^2\theta)) + (1 - \sin^2\theta)$

328

$(((\tan^2\theta + 1) - (\cot\theta\tan\theta)) + ((1 / \sin\theta)(\cos\theta\tan\theta))) - (\sec^2\theta - 1)$

329

$(((\csc^2\theta - \cot^2\theta) - (1 - \sin^2\theta)) + ((\csc^2\theta - \cot^2\theta) - (1 - \cos^2\theta))) / (\cos\theta\tan\theta)$

330

$(((\sec^2\theta - 1) + (\sin^2\theta + \cos^2\theta)) - ((\tan^2\theta + 1) - (\sin^2\theta + \cos^2\theta))) + (\csc^2\theta - 1)$

331

$(((\tan^2\theta + 1) - (\sec^2\theta - 1)) + ((1 + \cot^2\theta) - (\csc\theta\sin\theta))) - (\cot\theta\tan\theta)$

332

$(((\tan^2\theta + 1) - (\csc\theta\sin\theta)) + ((1 / \sin\theta)(\cos\theta\tan\theta))) - (\sec^2\theta - 1)$

333

$(((\tan^2\theta + 1) - (\sin^2\theta + \cos^2\theta)) + ((1 + \cot^2\theta) - (\csc^2\theta - 1))) - (\sec^2\theta - 1)$

334

$(((\tan^2\theta + 1) - (\sec^2\theta - 1)) + ((1 + \cot^2\theta) - (\cot\theta\tan\theta))) - (\sec\theta\cos\theta)$

335

$(((\csc^2\theta - \cot^2\theta) / (\sin\theta / \tan\theta))((\cos\theta\tan\theta) / (\sin\theta / \cos\theta))) + (\csc^2\theta - 1)$

336

((sec²θ - 1) + (sin²θ + cos²θ)) - ((1 / cosθ)(sinθ / tanθ)) + (cscθsinθ)

337

((cotθtanθ) - (1 - sin²θ)) + ((cotθtanθ) - (1 - cos²θ)) / (sinθ / cosθ)

338

((tan²θ + 1) - (cotθtanθ)) + ((1 / cosθ)(sinθ / tanθ)) - (sec²θ - 1)

339

((sec²θ - 1) + (secθcosθ)) - ((1 / tanθ)(sinθ / cosθ)) + (sin²θ + cos²θ)

340

((tan²θ + 1) - (sec²θ - 1)) + ((1 + cot²θ) - (cscθsinθ)) - (cscθsinθ)

341

((tan²θ + 1) - (csc²θ - cot²θ)) + ((1 - cos²θ) + (1 - sin²θ)) - (cscθsinθ)

342

((sec²θ - tan²θ) / (cosθtanθ))((sinθ / tanθ)(sinθ / cosθ)) / (sinθ / tanθ)

343

((tan²θ + 1) - (cscθsinθ)) + ((1 - cos²θ) + (1 - sin²θ)) - (cotθtanθ)

344

((cosθsinθ) + (csc²θ - 1)) - ((1 / sinθ)(cosθtanθ)) - (1 + cot²θ)

345

((tan²θ + 1) - (cscθsinθ)) + ((1 - cos²θ) + (1 - sin²θ)) - (sec²θ - 1)

346

$$(((csc^2\theta - cot^2\theta) - (1 - sin^2\theta)) + ((csc^2\theta - cot^2\theta) - (1 - cos^2\theta))) - (1 - sin^2\theta)$$

347

$$(((1 / tan\theta)(sin\theta / cos\theta)) - ((sec^2\theta - tan^2\theta) - (1 - cos^2\theta))) + (1 - sin^2\theta)$$

348

$$(((sec^2\theta - tan^2\theta) / (sin\theta / cos\theta))((cos\theta tan\theta) / (sin\theta / tan\theta))) + (csc^2\theta - 1)$$

349

$$(((sec\theta cos\theta) - (1 - sin^2\theta)) + ((sec\theta cos\theta) - (1 - cos^2\theta))) / (cos\theta tan\theta)$$

350

$$(((csc^2\theta - cot^2\theta) / (sin\theta / cos\theta))((cos\theta tan\theta) / (sin\theta / tan\theta))) - (1 - sin^2\theta)$$

351

(((cscθsinθ) / (cosθtanθ))((sinθ / tanθ)(sinθ / cosθ))) - (1 - cos²θ)

352

(((cscθsinθ) / (cosθtanθ))((sinθ / tanθ)(sinθ / cosθ))) / (cosθtanθ)

353

(((sec²θ - 1) + (secθcosθ)) - ((tan²θ + 1) - (secθcosθ))) - (1 - sin²θ)

354

(((sec²θ - 1) + (secθcosθ)) - ((1 + cot²θ) - (csc²θ - 1))) + (csc²θ - cot²θ)

355

((cotθtanθ) + (csc²θ - 1)) - ((1 + cot²θ) - (cotθtanθ))) / (sinθ / tanθ)

356

$((\tan^2\theta + 1) - (\sin^2\theta + \cos^2\theta)) + ((1 / \tan\theta)(\sin\theta / \cos\theta)) - (\csc^2\theta - \cot^2\theta)$

357

$((\csc^2\theta - \cot^2\theta) + (\csc^2\theta - 1)) - ((1 + \cot^2\theta) - (\csc^2\theta - \cot^2\theta)) + (\csc^2\theta - 1)$

358

$((\sec^2\theta - 1) + (\sin^2\theta + \cos^2\theta)) - ((\tan^2\theta + 1) - (\sec^2\theta - 1)) + (\sin^2\theta + \cos^2\theta)$

359

$((\sec^2\theta - 1) + (\csc\theta\sin\theta)) - ((\tan^2\theta + 1) - (\csc\theta\sin\theta)) / (\sin\theta / \cos\theta)$

360

$((\csc^2\theta - \cot^2\theta) / (\cos\theta\tan\theta))((\sin\theta / \tan\theta)(\sin\theta / \cos\theta)) + (\csc^2\theta - 1)$

361

$((\sec^2\theta - 1) + (\cot\theta\tan\theta)) - ((\tan^2\theta + 1) - (\cot\theta\tan\theta)) + (\csc^2\theta - 1)$

362

$(((\sec^2\theta - \tan^2\theta) / (\sin\theta / \cos\theta)) / ((\cos\theta\tan\theta)(\sin\theta / \tan\theta)) / (\sin\theta / \cos\theta)$

363

$(((\sec\theta\cos\theta) + (\csc^2\theta - 1)) - ((\tan^2\theta + 1) - (\sec^2\theta - 1))) - (1 + \cot^2\theta)$

364

$(((\tan^2\theta + 1) - (\sec\theta\cos\theta)) + ((1 / \tan\theta)(\sin\theta / \cos\theta))) - (\csc^2\theta - \cot^2\theta)$

365

$(((\tan^2\theta + 1) - (\sec^2\theta - \tan^2\theta)) + ((1 / \cos\theta)(\sin\theta / \tan\theta))) - (\sec\theta\cos\theta)$

366

$(((\sec^2\theta - 1) + (\sec^2\theta - \tan^2\theta)) - ((1 / \tan\theta)(\sin\theta / \cos\theta))) + (\sec\theta\cos\theta)$

367

$(((\csc\theta\sin\theta) + (\csc^2\theta - 1)) - ((1 + \cot^2\theta) - (\csc\theta\sin\theta))) + (\csc^2\theta - 1)$

368

$(((1 + \cot^2\theta) - (\csc^2\theta - 1)) + ((1 + \cot^2\theta) - (\cot\theta\tan\theta))) - (\csc^2\theta - \cot^2\theta)$

369

$(((\tan^2\theta + 1) - (\sec^2\theta - 1)) + ((1 + \cot^2\theta) - (\sin^2\theta + \cos^2\theta))) - (\csc^2\theta - \cot^2\theta)$

370

$(((\sin^2\theta + \cos^2\theta) / (\sin\theta / \tan\theta))((\cos\theta\tan\theta) / (\sin\theta / \cos\theta))) / (\sin\theta / \tan\theta)$

371

$(((\csc^2\theta - \cot^2\theta) + (\csc^2\theta - 1)) - ((1 - \sin^2\theta) + (1 - \cos^2\theta))) - (1 + \cot^2\theta)$

372

$(((\tan^2\theta + 1) - (\sec^2\theta - 1)) + ((1 + \cot^2\theta) - (\cot\theta\tan\theta))) - (\sec^2\theta - \tan^2\theta)$

373

$(((\cot\theta\tan\theta) / (\cos\theta\tan\theta))((\sin\theta / \tan\theta)(\sin\theta / \cos\theta))) + (\csc^2\theta - 1)$

374

$(((1 + \cot^2\theta) - (\csc^2\theta - 1)) - ((\sec^2\theta - \tan^2\theta) - (1 - \cos^2\theta))) + (1 - \sin^2\theta)$

375

$(((\sec^2\theta - 1) + (\csc^2\theta - \tan^2\theta)) - ((\tan^2\theta + 1) - (\sec^2\theta - \tan^2\theta))) + (\csc^2\theta - 1)$

376

$(((\csc^2\theta - \cot^2\theta) / (\sin\theta / \tan\theta))((\cos\theta\tan\theta) / (\sin\theta / \cos\theta))) / (\cos\theta\tan\theta)$

377

$(((\tan^2\theta + 1) - (\sec^2\theta - \tan^2\theta)) + ((\tan^2\theta + 1) - (\sec^2\theta - 1))) - (\csc\theta\sin\theta)$

378

$(((\sin^2\theta + \cos^2\theta) / (\sin\theta / \tan\theta))((\cos\theta\tan\theta) / (\sin\theta / \cos\theta))) + (\csc^2\theta - 1)$

379

$(((\csc\theta\sin\theta) + (\csc^2\theta - 1)) - ((1 + \cot^2\theta) - (\csc\theta\sin\theta))) / (\cos\theta\tan\theta)$

380

$(((1 + \cot^2\theta) - (\csc^2\theta - 1)) + ((1 + \cot^2\theta) - (\sin^2\theta + \cos^2\theta))) - (\sec\theta\cos\theta)$

381

$(((\sec^2\theta - \tan^2\theta) + (\csc^2\theta - 1)) - ((1 + \cot^2\theta) - (\sec^2\theta - \tan^2\theta))) - (1 - \sin^2\theta)$

382

$(((\tan^2\theta + 1) - (\csc\theta\sin\theta)) + ((1 \ / \ \tan\theta)(\sin\theta \ / \ \cos\theta))) - (\sec^2\theta - 1)$

383

$(((\csc\theta\sin\theta) \ / \ (\sin\theta \ / \ \tan\theta))((\cos\theta\tan\theta) \ / \ (\sin\theta \ / \ \cos\theta))) \ / \ (\cos\theta\tan\theta)$

384

$(((\sec^2\theta - 1) + (\csc\theta\sin\theta)) - ((\tan^2\theta + 1) - (\sec^2\theta - 1))) + (\sec^2\theta - \tan^2\theta)$

385

$(((1 - \cos^2\theta) + (1 - \sin^2\theta)) - ((\cot\theta\tan\theta) - (1 - \cos^2\theta))) + (1 - \sin^2\theta)$

386. ((1 + cot²θ) - (csc²θ - 1)) - ((cscθsinθ) - (1 - cos²θ)) + (1 - sin²θ)

387. ((csc²θ - cot²θ) / (sinθ / cosθ))((cosθtanθ) / (sinθ / tanθ)) / (sinθ / cosθ)

388. ((csc²θ - cot²θ) / (cosθtanθ))((sinθ / tanθ)(sinθ / cosθ)) / (cosθtanθ)

389. ((sin²θ + cos²θ) + (csc²θ - 1)) - ((1 + cot²θ) - (csc²θ - 1)) - (1 + cot²θ)

390. ((tan²θ + 1) - (sec²θ - 1)) - ((sec²θ - tan²θ) - (1 - cos²θ)) + (1 - sin²θ)

391
(((tan²θ + 1) - (secθcosθ)) + ((1 - cos²θ) + (1 - sin²θ))) - (sec²θ - 1)

392
(((1 + cot²θ) - (csc²θ - 1)) + ((1 + cot²θ) - (secθcosθ))) - (sec²θ - tan²θ)

393
(((tan²θ + 1) - (cscθsinθ)) + ((1 / cosθ)(sinθ / tanθ))) - (sec²θ - 1)

394
(((cotθtanθ) / (cosθtanθ))(sinθ / tanθ)(sinθ / cosθ))) - (1 - sin²θ)

395
(((tan²θ + 1) - (sec²θ - tan²θ)) + ((1 + cot²θ) - (csc²θ - 1))) - (sin²θ + cos²θ)

396

$((\tan^2\theta + 1) - (\cot\theta\tan\theta)) + ((1 / \cos\theta)(\sin\theta / \tan\theta)) - (\sec\theta\cos\theta)$

397

$((\sin^2\theta + \cos^2\theta) - (1 - \sin^2\theta)) + ((\sin^2\theta + \cos^2\theta) - (1 - \cos^2\theta)) - (1 - \cos^2\theta)$

398

$((\sec\theta\cos\theta) / (\sin\theta / \cos\theta))((\cos\theta\tan\theta) / (\sin\theta / \tan\theta))) - (1 - \cos^2\theta)$

399

$((\tan^2\theta + 1) - (\csc^2\theta - \cot^2\theta)) + ((1 / \cos\theta)(\sin\theta / \tan\theta))) - (\cot\theta\tan\theta)$

400

$((\tan^2\theta + 1) - (\csc\theta\sin\theta)) + ((1 - \cos^2\theta) + (1 - \sin^2\theta))) - (\sec^2\theta - \tan^2\theta)$

401
(((sec²θ - 1) + (cscθsinθ)) - ((1 / tanθ)(sinθ / cosθ))) + (cotθtanθ))

402
(((sin²θ + cos²θ) / (sinθ / cosθ))((cosθcotθ) / (sinθ / tanθ))) + (csc²θ - 1)

403
(((tan²θ + cotθtanθ)) + ((tan²θ + 1) - (sec²θ - 1))) - (sec²θ - tan²θ)

404
(((tan²θ + 1) - (cotθtanθ)) + ((1 / tanθ)(sinθ / cosθ))) - (cotθtanθ)

405
(((sec²θ - 1) + (sin²θ + cos²θ)) - ((1 / cosθ)(sinθ / tanθ))) + (sec²θ - tan²θ)

406

$(((1 \ / \ \tan\theta)(\sin\theta \ / \ \cos\theta)) - ((\sin^2\theta + \cos^2\theta) - (1 - \cos^2\theta))) + (1 - \sin^2\theta)$

407

$(((\sec\theta\cos\theta) + (\csc^2\theta - 1)) - ((1 / \sin\theta)(\cos\theta\tan\theta))) - (1 + \cot^2\theta)$

408

$(((1 - \cos^2\theta) + (1 - \sin^2\theta)) + ((1 + \cot^2\theta) - (\sin^2\theta + \cos^2\theta))) - (\cot\theta\tan\theta)$

409

$(((\cot\theta\tan\theta) \ / \ (\sin\theta \ / \ \cos\theta))((\cos\theta\tan\theta) / (\sin\theta / \tan\theta))) / (\cos\theta\tan\theta)$

410

$(((\tan^2\theta + 1) - (\sec^2\theta - 1)) + ((1 + \cot^2\theta) - (\sec\theta\cos\theta))) - (\cot\theta\tan\theta)$

411

$((\csc\theta\sin\theta) / (\sin\theta / \cos\theta))((\cos\theta\tan\theta) / (\sin\theta / \tan\theta)) / (\sin\theta / \tan\theta)$

412

$((1 / \tan\theta)(\sin\theta / \cos\theta)) + ((1 + \cot^2\theta) - (\sec\theta\cos\theta)) - (\csc^2\theta - \cot^2\theta)$

413

$((\csc^2\theta - \cot^2\theta) / (\sin\theta / \cos\theta))((\cos\theta\tan\theta) / (\sin\theta / \tan\theta)) + (\csc^2\theta - 1)$

414

$((\tan^2\theta + 1) - (\sec^2\theta - 1)) + ((1 + \cot^2\theta) - (\csc\theta\sin\theta)) - (\sec\theta\cos\theta)$

415

$((\sec^2\theta - 1) + (\cot\theta\tan\theta)) - ((\tan^2\theta + 1) - (\sec^2\theta - 1)) + (\csc^2\theta - \cot^2\theta)$

416

$((1 / \sin\theta)(\cos\theta\tan\theta)) + ((1 + \cot^2\theta) - (\sec\theta\cos\theta)) - (\sec^2\theta - \tan^2\theta)$

417

$((\tan^2\theta + 1) - (\sin^2\theta + \cos^2\theta)) + ((1 - \cos^2\theta) + (1 - \sin^2\theta)) - (\csc^2\theta - \cot^2\theta)$

418

$((\sec\theta\cos\theta) - (1 - \sin^2\theta)) + ((\sec\theta\cos\theta) - (1 - \cos^2\theta)) - (1 - \sin^2\theta)$

419

$((\tan^2\theta + 1) - (\sec\theta\cos\theta)) + ((1 / \tan\theta)(\sin\theta / \cos\theta)) - (\sec\theta\cos\theta)$

420

$((\sec^2\theta - \tan^2\theta) / (\sin\theta / \cos\theta))((\cos\theta\tan\theta) / (\sin\theta / \tan\theta)) - (1 - \cos^2\theta)$

421

$(((\tan^2\theta + 1) - (\csc^2\theta - \cot^2\theta)) + ((1 \ / \ \tan\theta)(\sin\theta / \cos\theta))) - (\sec^2\theta - \tan^2\theta)$

422

$(((\sec\theta\cos\theta) + (\csc^2\theta - 1)) - ((1 + \cot^2\theta) - (\sec\theta\cos\theta))) \ / \ (\sin\theta / \cos\theta)$

423

$(((1 + \cot^2\theta) - (\csc^2\theta - 1)) + ((1 + \cot^2\theta) - (\sec\theta\cos\theta))) - (\sin^2\theta + \cos^2\theta)$

424

$(((\csc^2\theta - \cot^2\theta) \ / \ (\sin\theta / \cos\theta))((\cos\theta\tan\theta) / (\sin\theta / \tan\theta))) - (1 - \cos^2\theta)$

425

$(((\tan^2\theta + 1) - (\sec^2\theta - 1)) - ((\csc^2\theta - \cot^2\theta) - (1 - \cos^2\theta))) + (1 - \sin^2\theta)$

426

$((\tan^2\theta + 1) - (\csc^2\theta - \cot^2\theta)) + ((1 / \tan\theta)(\sin\theta / \cos\theta)) - (\sec^2\theta - 1)$

427

$((\csc\theta\sin\theta) - (1 - \sin^2\theta)) + ((\csc\theta\sin\theta) - (1 - \cos^2\theta)) - (1 - \sin^2\theta)$

428

$((\cot\theta\tan\theta) / (\sin\theta / \cos\theta))((\cos\theta\tan\theta) / (\sin\theta / \tan\theta)) - (1 - \cos^2\theta)$

429

$((\tan^2\theta + 1) - (\sec\theta\cos\theta)) + ((1 / \cos\theta)(\sin\theta / \tan\theta)) - (\sec^2\theta - 1)$

430

$((\sec^2\theta - 1) + (\sec\theta\cos\theta)) - ((1 / \cos\theta)(\sin\theta / \tan\theta)) + (\sin^2\theta + \cos^2\theta)$

431

$(((\cot\theta\tan\theta) + (\csc^2\theta - 1)) - ((1 + \cot^2\theta) - (\cot\theta\tan\theta))) - (1 - \sin^2\theta)$

432

$(((\csc^2\theta - \cot^2\theta) / (\cos\theta\tan\theta))((\sin\theta / \tan\theta)(\sin\theta / \cos\theta))) - (1 - \cos^2\theta)$

433

$(((\cot\theta\tan\theta) / (\sin\theta / \cos\theta))((\cos\theta\tan\theta) / (\sin\theta / \tan\theta))) - (1 - \sin^2\theta)$

434

$(((\sec^2\theta - 1) + (\sec\theta\cos\theta)) - ((1 + \cot^2\theta) - (\csc^2\theta - 1))) + (\sec^2\theta - \tan^2\theta)$

435

$(((\sec^2\theta - \tan^2\theta) / (\sin\theta / \tan\theta))((\cos\theta\tan\theta) / (\sin\theta / \cos\theta))) + (\csc^2\theta - 1)$

436

$(((\tan^2\theta + 1) - (\csc^2\theta - \cot^2\theta)) + ((1 + \cot^2\theta) - (\csc^2\theta - 1))) - (\sec^2\theta - \tan^2\theta)$

437

$(((\csc^2\theta - \cot^2\theta) + (\csc^2\theta - 1)) - ((1 + \cot^2\theta) - (\csc^2\theta - 1))) - (1 + \cot^2\theta)$

438

$(((1 - \cos^2\theta) + (1 - \sin^2\theta)) + ((1 + \cot^2\theta) - (\sin^2\theta + \cos^2\theta))) - (\sec^2\theta - \tan^2\theta)$

439

$(((\tan^2\theta + 1) - (\csc\theta\sin\theta)) + ((1 + \cot^2\theta) - (\csc^2\theta - 1))) - (\sec^2\theta - 1)$

440

$(((\sec\theta\cos\theta) / (\sin\theta / \cos\theta))((\cos\theta\tan\theta) / (\sin\theta / \tan\theta))) - (1 - \sin^2\theta)$

441

$(((1 + \cot^2\theta) - (\csc^2\theta - 1)) + ((1 + \cot^2\theta) - (\sec^2\theta - \tan^2\theta))) - (\sin^2\theta + \cos^2\theta)$

442

$(((\tan^2\theta + 1) - (\sec\theta\cos\theta)) + ((\tan^2\theta + 1) - (\sec^2\theta - 1))) - (\sec\theta\cos\theta)$

443

$(((\tan^2\theta + 1) - (\sec^2\theta - \tan^2\theta)) + ((1 + \cot^2\theta) - (\csc^2\theta - 1))) - (\sec^2\theta - 1)$

444

$(((\csc^2\theta - 1) + (\csc\theta\sin\theta)) - ((1 / \tan\theta)(\sin\theta / \cos\theta))) + (\sec^2\theta - 1) + (\sec\theta\cos\theta)$

445

$(((\sin^2\theta + \cos^2\theta) / (\sin\theta / \cos\theta))((\cos\theta\tan\theta) / (\sin\theta / \tan\theta))) - (1 - \sin^2\theta)$

446

$(((\cot\theta\tan\theta) - (1 - \sin^2\theta)) + ((\cot\theta\tan\theta) - (1 - \cos^2\theta))) + (\csc^2\theta - 1)$

447

$(((1 / \sin\theta)(\cos\theta\tan\theta)) + ((1 + \cot^2\theta) - (\csc\theta\sin\theta))) - (\sin^2\theta + \cos^2\theta)$

448

$(((\sin^2\theta + \cos^2\theta) / (\sin\theta / \cos\theta))((\cos\theta\tan\theta) / (\sin\theta / \tan\theta))) - (1 - \cos^2\theta)$

449

$(((\cot\theta\tan\theta) + (\csc^2\theta - 1)) - ((1 + \cot^2\theta) - (\csc^2\theta - 1))) - (1 + \cot^2\theta)$

450

$(((\csc\theta\sin\theta) + (\csc^2\theta - 1)) - ((1 + \cot^2\theta) - (\csc\theta\sin\theta))) - (1 - \sin^2\theta)$

451

$(((\sin^2\theta + \cos^2\theta) - (1 - \sin^2\theta)) + ((\sin^2\theta + \cos^2\theta) - (1 - \cos^2\theta))) + (\csc^2\theta - 1)$

452

$(((\sec^2\theta - 1) + (\csc^2\theta - \cot^2\theta)) - ((\tan^2\theta + 1) - (\csc^2\theta - \cot^2\theta))) / (\cos\theta\tan\theta)$

453

$(((\cot\theta\tan\theta) + (\csc^2\theta - 1)) - ((1 / \tan\theta)(\sin\theta / \cos\theta))) - (1 + \cot^2\theta)$

454

$(((\csc^2\theta - \cot^2\theta) / (\cos\theta\tan\theta))((\sin\theta / \tan\theta)(\sin\theta / \cos\theta))) - (1 - \sin^2\theta)$

455

$(((\tan^2\theta + 1) - (\sec\theta\cos\theta)) + ((1 / \sin\theta)(\cos\theta\tan\theta))) - (\sec^2\theta - 1)$

456

$(((1 - \cos^2\theta) + (1 - \sin^2\theta)) + ((1 + \cot^2\theta) - (\csc^2\theta - \cot^2\theta))) - (\sec^2\theta - \tan^2\theta)$

457

$(((\sec^2\theta - 1) + (\sec^2\theta - \tan^2\theta)) - ((\tan^2\theta + 1) - (\sec^2\theta - \tan^2\theta))) - (1 - \cos^2\theta)$

458

$(((\sec^2\theta - 1) + (\sec\theta\cos\theta)) - ((\tan^2\theta + 1) - (\sec\theta\cos\theta))) - (1 - \cos^2\theta)$

459

$(((\sec^2\theta - 1) + (\csc^2\theta - \cot^2\theta)) - ((\tan^2\theta + 1) - (\csc^2\theta - \cot^2\theta))) - (1 - \sin^2\theta)$

460

$(((\cot\theta\tan\theta) / (\sin\theta / \cos\theta))((\cos\theta\tan\theta) / (\sin\theta / \tan\theta))) + (\csc^2\theta - 1)$

461

$(((\tan^2\theta + 1) - (\sec^2\theta - \tan^2\theta)) + ((1 / \tan\theta)(\sin\theta / \cos\theta))) - (\csc\theta\sin\theta)$

462

$(((\csc\theta\sin\theta) + (\csc^2\theta - 1)) - ((1 - \cos^2\theta) + (1 - \sin^2\theta))) - (1 + \cot^2\theta)$

463

$(((1 + \cot^2\theta) - (\csc^2\theta - 1)) + ((1 + \cot^2\theta) - (\sec^2\theta - \tan^2\theta))) - (\cot\theta\tan\theta)$

464

$(((\cot\theta\tan\theta) / (\cos\theta\sin\theta))((\sin\theta / \tan\theta)(\sin\theta / \cos\theta))) / (\cos\theta\tan\theta)$

465

$(((\tan^2\theta + 1) - (\cos\theta\sin\theta)) + ((1 / \sin\theta)(\cos\theta\tan\theta))) - (\cot\theta\tan\theta)$

466

$(((1 + \cot^2\theta) - (\csc^2\theta - 1)) + ((1 + \cot^2\theta) - (\csc^2\theta - \cot^2\theta))) - \cot\theta\tan\theta)$

467

$(((\tan^2\theta + 1) - (\sin^2\theta + \cos^2\theta)) + ((\tan^2\theta + 1) - (\sec^2\theta - 1))) - (\sec^2\theta - \tan^2\theta)$

468

$(((\sec^2\theta - 1) + (\csc\theta\sin\theta)) - ((\tan^2\theta + 1) - (\csc\theta\sin\theta))) - (1 - \sin^2\theta)$

469

$(((\tan^2\theta + 1) - (\sec^2\theta - 1)) + ((1 + \cot^2\theta) - (\sin^2\theta + \cos^2\theta))) - \sec\theta\cos\theta$

470

$(((\csc\theta\sin\theta) / (\cos\theta\tan\theta))((\sin\theta / \tan\theta)(\sin\theta / \cos\theta))) + (\csc^2\theta - 1)$

471

(((1 / cosθ)(sinθ / tanθ)) + ((1 + cot²θ) - (cotθtanθ))) - (cscθsinθ)

472

((cotθtanθ) / (cosθtanθ))(sinθ / tanθ)(sinθ / cosθ))) / (sinθ / tanθ)

473

((tan²θ + 1) - (secθcosθ)) + ((1 + cot²θ) - (csc²θ - 1))) - (sec²θ - 1)

474

(((1 + cot²θ) - (csc²θ - 1)) - ((cotθtanθ)) - (1 - cos²θ))) + (1 - sin²θ)

475

((sec²θ - tan²θ) + (csc²θ - 1)) - ((1 / tanθ)(sinθ / cosθ))) - (1 + cot²θ)

476

$(((\tan^2\theta + 1) - (\sec\theta\cos\theta)) + ((1 - \cos^2\theta) + (1 - \sin^2\theta))) - (\csc^2\theta - \cot^2\theta)$

477

$(((\sec^2\theta - \tan^2\theta) + (\csc^2\theta - 1)) - ((1 + \cot^2\theta) - (\sec^2\theta - \tan^2\theta))) / (\sin\theta / \tan\theta)$

478

$(((1 \ / \ \tan\theta)(\sin\theta / \cos\theta)) - ((\csc^2\theta - \cot^2\theta) - (1 - \cos^2\theta))) + (1 - \sin^2\theta)$

479

$(((\sec^2\theta - 1) + (\cot\theta\tan\theta)) - ((\tan^2\theta + 1) - (\sec^2\theta - 1))) + (\sec^2\theta - \tan^2\theta)$

480

$(((\sec^2\theta - 1) + (\sin^2\theta + \cos^2\theta)) - ((1 + \cot^2\theta) - (\csc^2\theta - 1))) + (\sec\theta\cos\theta)$

481

$(((\sec^2\theta - 1) + (\sec^2\theta - \tan^2\theta)) - ((1 / \cos\theta)(\sin\theta / \tan\theta))) + (\sec\theta\cos\theta)$

482

$(((1 / \cos\theta)(\sin\theta / \tan\theta)) + ((1 + \cot^2\theta) - (\csc^2\theta - \cot^2\theta))) - (\sec\theta\cos\theta)$

483

$(((\sec^2\theta - 1) + (\sec\theta\cos\theta)) - ((1 / \cos\theta)(\sin\theta / \tan\theta))) + (\csc^2\theta - \cot^2\theta)$

484

$(((\sec^2\theta - 1) + (\csc\theta\sin\theta)) - ((1 / \sin\theta)(\cos\theta\tan\theta))) + (\csc\theta\sin\theta)$

485

$(((1 / \sin\theta)(\cos\theta\tan\theta)) + ((1 + \cot^2\theta) - (\sec^2\theta - \tan^2\theta))) - (\csc^2\theta - \cot^2\theta)$

486

$(((1 \: / \: \tan\theta)(\sin\theta \: / \: \cos\theta)) + ((1 + \cot^2\theta) - (\csc\theta\sin\theta))) - (\cot\theta\tan\theta)$

487

$(((1 \: / \: \cos\theta)(\sin\theta \: / \: \tan\theta)) + ((1 + \cot^2\theta) - (\csc^2\theta - \cot^2\theta))) - (\sin^2\theta + \cos^2\theta)$

488

$(((1 \: / \: \sin\theta)(\cos\theta\tan\theta)) - ((\sec^2\theta - \tan^2\theta) - (1 - \cos^2\theta))) + (1 - \sin^2\theta)$

489

$(((1 - \cos^2\theta) + (1 - \sin^2\theta)) + ((1 + \cot^2\theta) - (\sin^2\theta + \cos^2\theta))) - (\csc\theta\sin\theta)$

490

$(((\csc\theta\sin\theta) \: / \: (\sin\theta \: / \: \cos\theta))((\cos\theta\tan\theta) \: / \: (\sin\theta \: / \: \tan\theta))) - (1 - \cos^2\theta)$

491

(((cscθsinθ) / (sinθ / tanθ))(cosθtanθ) / (sinθ / cosθ))) / (sinθ / tanθ)

492

(((tan²θ + 1) - (cotθtanθ)) + ((tan²θ + 1) - (sec²θ - 1))) - (sec²θ - 1)

493

(((1 - cos²θ) + (1 - sin²θ)) + ((1 + cot²θ) - (cscθsinθ))) - (cotθtanθ)

494

(((cotθtanθ) + (csc²θ - 1)) - ((1 + cot²θ) - (cotθtanθ))) / (cosθtanθ)

495

(((tan²θ + 1) - (cotθtanθ)) + ((1 + cot²θ) - (csc²θ - 1))) - (sec²θ - 1)

496
$(((\sec^2\theta - 1) + (\sec^2\theta - \tan^2\theta)) - ((1 + \cot^2\theta) - (\csc^2\theta - 1))) + (\sin^2\theta + \cos^2\theta)$

497
$(((\sec\theta\cos\theta) / (\sin\theta / \tan\theta))((\cos\theta\tan\theta) / (\sin\theta / \cos\theta))) + (\csc^2\theta - 1)$

498
$(((\tan^2\theta + 1) - (\csc\theta\sin\theta)) + ((1 + \cot^2\theta) - (\csc^2\theta - 1))) - (\sin^2\theta + \cos^2\theta)$

499
$(((\sec^2\theta - 1) + (\sec\theta\cos\theta)) - ((\tan^2\theta + 1) - (\sec^2\theta - 1))) + (\csc^2\theta - \cot^2\theta)$

500
$(((\sec^2\theta - 1) + (\sin^2\theta + \cos^2\theta)) - ((1 - \cos^2\theta) + (1 - \sin^2\theta))) + (\sin^2\theta + \cos^2\theta)$

$(((\sec^2\theta - \tan^2\theta) / (\cos\theta\tan\theta))(\sin\theta / \tan\theta)(\sin\theta / \cos\theta))) / (\cos\theta\tan\theta)$

1

((1 - cos²θ) + (1 - sin²θ)) + (csc²θ - 1)

(sin²θ + cos²θ) + (csc²θ - 1)

1 + cot²θ

csc²θ

2

((1 + cot²θ) - 1) - (1 + cot²θ)

(csc²θ - 1) - (1 + cot²θ)

csc²θ - cot²θ

-1

3

((tan²θ + 1) - (sec²θ - 1)) + (csc²θ - 1)

(sec²θ - tan²θ) + (csc²θ - 1)

1 + cot²θ

csc²θ

4

(1 / (cosθtanθ))(cosθtanθ)

(1 / sinθ)(cosθtanθ)

cscθsinθ

1

5.

$((\tan^2\theta + 1) - 1) + (\csc\theta\sin\theta)$

$(\sec^2\theta - 1) + (\csc\theta\sin\theta)$

$\tan^2\theta + 1$

$\sec^2\theta$

6.

$((1 + \cot^2\theta) - (\csc^2\theta - 1)) + (\csc^2\theta - 1)$

$(\csc^2\theta - \cot^2\theta) + (\csc^2\theta - 1)$

$1 + \cot^2\theta$

$\csc^2\theta$

7.

$(1 / (\sin\theta / \cos\theta))((\sin\theta / \cos\theta))$

$(1 / \tan\theta)(\sin\theta / \cos\theta)$

$\cot\theta\tan\theta$

1

8.

$((\sec^2\theta - 1) + 1) - (\sec\theta\cos\theta)$

$(\tan^2\theta + 1) - (\sec\theta\cos\theta)$

$\sec^2\theta - 1$

$\tan^2\theta$

9
((1 - cos²θ) + (1 - sin²θ)) - (1 - sin²θ)
(sin²θ + cos²θ) - (1 - sin²θ)
1 - cos²θ
sin²θ

10
((sinθ / tanθ)(sinθ / cosθ)) / (sinθ / cosθ)
(cosθtanθ) / (sinθ / cosθ)
sinθ / tanθ
cosθ

11
((cosθtanθ) / (sinθ / cosθ)) / (cosθtanθ)
(sinθ / tanθ) / (cosθtanθ)
cosθ / sinθ
cotθ

12
((cosθ / sinθ)(sinθ / cosθ)) / (sinθ / cosθ)
(cotθtanθ) / (sinθ / cosθ)
1 / tanθ
cotθ

13

$((1 - \cos^2\theta) + (1 - \sin^2\theta)) / (\sin\theta / \tan\theta)$

$(\sin^2\theta + \cos^2\theta) / (\sin\theta / \tan\theta)$

$1 / \cos\theta$

$\sec\theta$

14

$((1 / \sin\theta)(\cos\theta\tan\theta)) / (\sin\theta / \cos\theta)$

$(\csc\theta\sin\theta) / (\sin\theta / \cos\theta)$

$1 / \tan\theta$

$\cot\theta$

15

$((\cos\theta\tan\theta) / (\sin\theta / \cos\theta))(\sin\theta / \cos\theta)$

$(\sin\theta / \tan\theta)(\sin\theta / \cos\theta)$

$\cos\theta\tan\theta$

$\sin\theta$

16

$(1 + (\csc^2\theta - 1)) - (\sec^2\theta - \tan^2\theta)$

$(1 + \cot^2\theta) - (\sec^2\theta - \tan^2\theta)$

$\csc^2\theta - 1$

$\cot^2\theta$

17
((sec²θ - 1) + 1) - (sec²θ - 1)
(tan²θ + 1) - (sec²θ - 1)
sec²θ - tan²θ
1

18
((1 / sinθ)(cosθtanθ)) + (csc²θ - 1)
(cscθsinθ) + (csc²θ - 1)
1 + cot²θ
csc²θ

19
((1 + cot²θ) - (csc²θ - 1)) - (1 - sin²θ)
(csc²θ - cot²θ) - (1 - sin²θ)
1 - cos²θ
sin²θ

20
(1 - (1 - sin²θ)) + (1 - sin²θ)
(1 - cos²θ) + (1 - sin²θ)
sin²θ + cos²θ
1

21

$((1 - \cos^2\theta) + (1 - \sin^2\theta)) - (1 - \cos^2\theta)$

$(\sin^2\theta + \cos^2\theta) - (1 - \cos^2\theta)$

$1 - \sin^2\theta$

$\cos^2\theta$

22

$((1 + \cot^2\theta) - (\csc^2\theta - 1)) / (\cos\theta\tan\theta)$

$(\csc^2\theta - \cot^2\theta) / (\cos\theta\tan\theta)$

$1 / \sin\theta$

$\csc\theta$

23

$(1 / \sin\theta)((\sin\theta / \tan\theta)(\sin\theta / \cos\theta))$

$(1 / \sin\theta)(\cos\theta\tan\theta)$

$\csc\theta\sin\theta$

1

24

$(1 / (\sin\theta / \tan\theta))(\sin\theta / \tan\theta)$

$(1 / \cos\theta)(\sin\theta / \tan\theta)$

$\sec\theta\cos\theta$

1

25

(sec²θ - 1) + ((1 / sinθ)(cosθtanθ))

(sec²θ - 1) + (cscθsinθ)

tan²θ + 1

sec²θ

26

((1 / cosθ)(sinθ / tanθ)) + (csc²θ - 1)

(secθcosθ) + (csc²θ - 1)

1 + cot²θ

csc²θ

27

(1 / cosθ)((cosθtanθ) / (sinθ / cosθ))

(1 / cosθ)(sinθ / tanθ)

secθcosθ

1

28

(cscθsinθ) / ((cosθtanθ) / (sinθ / cosθ))

(cscθsinθ) / (sinθ / tanθ)

1 / cosθ

secθ

29

$(\sec^2\theta - 1) + ((1 - \cos^2\theta) + (1 - \sin^2\theta))$

$(\sec^2\theta - 1) + (\sin^2\theta + \cos^2\theta)$

$\tan^2\theta + 1$

$\sec^2\theta$

30

$((\tan^2\theta + 1) - (\sec^2\theta - 1)) - (1 - \sin^2\theta)$

$(\sec^2\theta - \tan^2\theta) - (1 - \sin^2\theta)$

$1 - \cos^2\theta$

$\sin^2\theta$

31

$(\cos\theta\tan\theta) / ((\cos\theta\tan\theta) / (\sin\theta / \cos\theta))$

$(\cos\theta\tan\theta) / (\sin\theta / \tan\theta)$

$\sin\theta / \cos\theta$

$\tan\theta$

32

$((\cos\theta / \sin\theta)(\sin\theta / \cos\theta)) + (\csc^2\theta - 1)$

$(\cot\theta\tan\theta) + (\csc^2\theta - 1)$

$1 + \cot^2\theta$

$\csc^2\theta$

33

(tan²θ + 1) - ((tan²θ + 1) - 1)

(tan²θ + 1) - (sec²θ - 1)

sec²θ - tan²θ

1

34

((cosθtanθ) / (sinθ / cosθ)) / (cosθtanθ)

(sinθ / tanθ) / (cosθtanθ)

cosθ / sinθ

cotθ

35

(csc²θ - 1) - (1 + (csc²θ - 1))

(csc²θ - 1) - (1 + cot²θ)

csc²θ - cot²θ

-1

36

((tan²θ + 1) - 1) + (secθcosθ)

(sec²θ - 1) + (secθcosθ)

tan²θ + 1

sec²θ

37

(csc²θ - cot²θ) / ((sinθ / tanθ)(sinθ / cosθ))

(csc²θ - cot²θ) / (cosθtanθ)

1 / sinθ

cscθ

38

((tan²θ + 1) - (sec²θ - 1)) / (sinθ / tanθ)

(sec²θ - tan²θ) / (sinθ / tanθ)

1 / cosθ

secθ

39

(1 + cot²θ) - ((tan²θ + 1) - (sec²θ - 1))

(1 + cot²θ) - (sec²θ - tan²θ)

csc²θ - 1

cot²θ

40

(sin²θ + cos²θ) - (1 - (1 - cos²θ))

(sin²θ + cos²θ) - (1 - sin²θ)

1 - cos²θ

sin²θ

41

((tan²θ + 1) - 1) + (sin²θ + cos²θ)

(sec²θ - 1) + (sin²θ + cos²θ)

tan²θ + 1

sec²θ

42

(1 + cot²θ) - ((1 - cos²θ) + (1 - sin²θ))

(1 + cot²θ) - (sin²θ + cos²θ)

csc²θ - 1

cot²θ

43

(1 - cos²θ) + (1 - (1 - cos²θ))

(1 - cos²θ) + (1 - sin²θ)

sin²θ + cos²θ

1

44

(cotθtanθ) / ((sinθ / tanθ)(sinθ / cosθ))

(cotθtanθ) / (cosθtanθ)

1 / sinθ

cscθ

45

$((sec^2\theta - 1) + 1) - (csc^2\theta - cot^2\theta)$

$(tan^2\theta + 1) - (csc^2\theta - cot^2\theta)$

$sec^2\theta - 1$

$tan^2\theta$

46

$(sec^2\theta - 1) + ((1 / cos\theta)(sin\theta / tan\theta))$

$(sec^2\theta - 1) + (sec\theta cos\theta)$

$tan^2\theta + 1$

$sec^2\theta$

47

$((sin\theta / tan\theta)(sin\theta / cos\theta)) / (sin\theta / tan\theta)$

$(cos\theta tan\theta) / (sin\theta / tan\theta)$

$sin\theta / cos\theta$

$tan\theta$

48

$(cot\theta tan\theta) - (1 - (1 - cos^2\theta))$

$(cot\theta tan\theta) - (1 - sin^2\theta)$

$1 - cos^2\theta$

$sin^2\theta$

49

((cosθ / sinθ)(sinθ / cosθ)) / (cosθtanθ)

(cotθtanθ) / (cosθtanθ)

1 / sinθ

cscθ

50

(cosθtanθ) / ((cosθtanθ) / (sinθ / tanθ))

(cosθtanθ) / (sinθ / cosθ)

sinθ / tanθ

cosθ

51

(sin²θ + cos²θ) - (1 - (1 - sin²θ))

(sin²θ + cos²θ) - (1 - cos²θ)

1 - sin²θ

cos²θ

52

(tan²θ + 1) - ((tan²θ + 1) - (sec²θ - 1))

(tan²θ + 1) - (sec²θ - tan²θ)

sec²θ - 1

tan²θ

53

$(1 / \tan\theta)((\cos\theta\tan\theta) / (\sin\theta / \tan\theta))$

$(1 / \tan\theta)(\sin\theta / \cos\theta)$

$\cot\theta\tan\theta$

1

54

$((1 / \cos\theta)(\sin\theta / \tan\theta)) / (\cos\theta\tan\theta)$

$(\sec\theta\cos\theta) / (\cos\theta\tan\theta)$

$1 / \sin\theta$

$\csc\theta$

55

$(1 + \cot^2\theta) - ((1 / \cos\theta)(\sin\theta / \tan\theta))$

$(1 + \cot^2\theta) - (\sec\theta\cos\theta)$

$\csc^2\theta - 1$

$\cot^2\theta$

56

$(\tan^2\theta + 1) - ((1 / \sin\theta)(\cos\theta\tan\theta))$

$(\tan^2\theta + 1) - (\csc\theta\sin\theta)$

$\sec^2\theta - 1$

$\tan^2\theta$

57

$((1 / \cos\theta)(\sin\theta / \tan\theta)) - (1 - \cos^2\theta)$

$(\sec\theta\cos\theta) - (1 - \cos^2\theta)$

$1 - \sin^2\theta$

$\cos^2\theta$

58

$(\sin\theta / \tan\theta)((\cos\theta\tan\theta) / (\sin\theta / \tan\theta))$

$(\sin\theta / \tan\theta)(\sin\theta / \cos\theta)$

$\cos\theta\tan\theta$

$\sin\theta$

59

$(\sec^2\theta - \tan^2\theta) / ((\cos\theta\tan\theta) / (\sin\theta / \tan\theta))$

$(\sec^2\theta - \tan^2\theta) / (\sin\theta / \cos\theta)$

$1 / \tan\theta$

$\cot\theta$

60

$((\tan^2\theta + 1) - 1) + (\csc^2\theta - \cot^2\theta)$

$(\sec^2\theta - 1) + (\csc^2\theta - \cot^2\theta)$

$\tan^2\theta + 1$

$\sec^2\theta$

61
(1 + cot²θ) - ((1 / sinθ)(cosθtanθ))
(1 + cot²θ) - (cscθsinθ)
csc²θ - 1
cot²θ

62
(sec²θ - tan²θ) + ((1 + cot²θ) - 1)
(sec²θ - tan²θ) + (csc²θ - 1)
1 + cot²θ
csc²θ

63
(sec²θ - tan²θ) / ((sinθ / tanθ)(sinθ / cosθ))
(sec²θ - tan²θ) / (cosθtanθ)
1 / sinθ
cscθ

64
(secθcosθ) - (1 - (1 - sin²θ))
(secθcosθ) - (1 - cos²θ)
1 - sin²θ
cos²θ

65

(1 + (csc²θ - 1)) - ((sin²θ + cos²θ))

(1 + cot²θ) - (sin²θ + cos²θ)

csc²θ - 1

cot²θ

66

(sec²θ - 1) + ((1 + cot²θ) - (csc²θ - 1))

(sec²θ - 1) + (csc²θ - cot²θ)

tan²θ + 1

sec²θ

67

(sin²θ + cos²θ) / ((cosθtanθ) / (sinθ / cosθ))

(sin²θ + cos²θ) / (sinθ / tanθ)

1 / cosθ

secθ

68

(secθcosθ) / ((cosθtanθ) / (sinθ / tanθ))

(secθcosθ) / (sinθ / cosθ)

1 / tanθ

cotθ

69

$(\csc\theta\sin\theta) / ((\sin\theta / \tan\theta)(\sin\theta / \cos\theta))$

$(\csc\theta\sin\theta) / (\cos\theta\tan\theta)$

$1 / \sin\theta$

$\csc\theta$

70

$(\sec\theta\cos\theta) - (1 - (1 - \cos^2\theta))$

$(\sec\theta\cos\theta) - (1 - \sin^2\theta)$

$1 - \cos^2\theta$

$\sin^2\theta$

71

$((\sec^2\theta - 1) + 1) - (\csc\theta\sin\theta)$

$(\tan^2\theta + 1) - (\csc\theta\sin\theta)$

$\sec^2\theta - 1$

$\tan^2\theta$

72

$((\sec^2\theta - 1) + 1) - (\cot\theta\tan\theta)$

$(\tan^2\theta + 1) - (\cot\theta\tan\theta)$

$\sec^2\theta - 1$

$\tan^2\theta$

73

$(1 + (\csc^2\theta - 1)) - (\cot\theta\tan\theta)$

$(1 + \cot^2\theta) - (\cot\theta\tan\theta)$

$\csc^2\theta - 1$

$\cot^2\theta$

74

$(\sin\theta / \tan\theta) / ((\sin\theta / \tan\theta)(\sin\theta / \cos\theta))$

$(\sin\theta / \tan\theta) / (\cos\theta\tan\theta)$

$\cos\theta / \sin\theta$

$\cot\theta$

75

$(1 + \cot^2\theta) - ((\cos\theta / \sin\theta)(\sin\theta / \cos\theta))$

$(1 + \cot^2\theta) - (\cot\theta\tan\theta)$

$\csc^2\theta - 1$

$\cot^2\theta$

76

$((\tan^2\theta + 1) - (\sec^2\theta - 1)) / (\cos\theta\tan\theta)$

$(\sec^2\theta - \tan^2\theta) / (\cos\theta\tan\theta)$

$1 / \sin\theta$

$\csc\theta$

77

$(sec^2\theta - 1) + ((tan^2\theta + 1) - (sec^2\theta - 1))$

$(sec^2\theta - 1) + (sec^2\theta - tan^2\theta)$

$tan^2\theta + 1$

$sec^2\theta$

78

$(sin^2\theta + cos^2\theta) + ((1 + cot^2\theta) - 1)$

$(sin^2\theta + cos^2\theta) + (csc^2\theta - 1)$

$1 + cot^2\theta$

$csc^2\theta$

79

$(csc^2\theta - cot^2\theta) + ((1 + cot^2\theta) - 1)$

$(csc^2\theta - cot^2\theta) + (csc^2\theta - 1)$

$1 + cot^2\theta$

$csc^2\theta$

80

$(1 + (csc^2\theta - 1)) - (csc^2\theta - cot^2\theta)$

$(1 + cot^2\theta) - (csc^2\theta - cot^2\theta)$

$csc^2\theta - 1$

$cot^2\theta$

81

$((1 / \sin\theta)(\cos\theta\tan\theta)) - (1 - \cos^2\theta)$

$(\csc\theta\sin\theta) - (1 - \cos^2\theta)$

$1 - \sin^2\theta$

$\cos^2\theta$

82

$((1 + \cot^2\theta) - (\csc^2\theta - 1)) / (\sin\theta / \tan\theta)$

$(\csc^2\theta - \cot^2\theta) / (\sin\theta / \tan\theta)$

$1 / \cos\theta$

$\sec\theta$

83

$(1 + (\csc^2\theta - 1)) - (\csc\theta\sin\theta)$

$(1 + \cot^2\theta) - (\csc\theta\sin\theta)$

$\csc^2\theta - 1$

$\cot^2\theta$

84

$(\csc^2\theta - 1) - (1 + (\csc^2\theta - 1))$

$(\csc^2\theta - 1) - (1 + \cot^2\theta)$

$\csc^2\theta - \cot^2\theta$

-1

85

((1 + $\cot^2\theta$) - ($\csc^2\theta$ - 1)) - (1 - $\cos^2\theta$)

($\csc^2\theta$ - $\cot^2\theta$) - (1 - $\cos^2\theta$)

1 - $\sin^2\theta$

$\cos^2\theta$

86

($\tan^2\theta$ + 1) - (($\tan^2\theta$ + 1) - 1)

($\tan^2\theta$ + 1) - ($\sec^2\theta$ - 1)

$\sec^2\theta$ - $\tan^2\theta$

1

87

($\sec^2\theta$ - $\tan^2\theta$) - (1 - (1 - $\sin^2\theta$))

($\sec^2\theta$ - $\tan^2\theta$) - (1 - $\cos^2\theta$)

1 - $\sin^2\theta$

$\cos^2\theta$

88

(1 + $\cot^2\theta$) - ((1 + $\cot^2\theta$) - ($\csc^2\theta$ - 1))

(1 + $\cot^2\theta$) - ($\csc^2\theta$ - $\cot^2\theta$)

$\csc^2\theta$ - 1

$\cot^2\theta$

89

$((\tan^2\theta + 1) - (\sec^2\theta - 1)) - (1 - \cos^2\theta)$

$(\sec^2\theta - \tan^2\theta) - (1 - \cos^2\theta)$

$1 - \sin^2\theta$

$\cos^2\theta$

90

$((\tan^2\theta + 1) - 1) + (\cot\theta\tan\theta)$

$(\sec^2\theta - 1) + (\cot\theta\tan\theta)$

$\tan^2\theta + 1$

$\sec^2\theta$

91

$(\csc\theta\sin\theta) - (1 - (1 - \cos^2\theta))$

$(\csc\theta\sin\theta) - (1 - \sin^2\theta\ )$

$1 - \cos^2\theta$

$\sin^2\theta$

92

$((\sec^2\theta - 1) + 1) - (\sec^2\theta - \tan^2\theta)$

$(\tan^2\theta + 1) - (\sec^2\theta - \tan^2\theta)$

$\sec^2\theta - 1$

$\tan^2\theta$

93

$(\csc^2\theta - \cot^2\theta)$ / $((\cos\theta\tan\theta) / (\sin\theta / \tan\theta))$

$(\csc^2\theta - \cot^2\theta)$ / $(\sin\theta / \cos\theta)$

1 / $\tan\theta$

$\cot\theta$

94

$((\cos\theta / \sin\theta)(\sin\theta / \cos\theta)) - (1 - \cos^2\theta)$

$(\cot\theta\tan\theta) - (1 - \cos^2\theta)$

$1 - \sin^2\theta$

$\cos^2\theta$

95

$(\tan^2\theta + 1) - ((1 / \cos\theta)(\sin\theta / \tan\theta))$

$(\tan^2\theta + 1) - (\sec\theta\cos\theta)$

$\sec^2\theta - 1$

$\tan^2\theta$

96

$((\tan^2\theta + 1) - 1) + (\sec^2\theta - \tan^2\theta)$

$(\sec^2\theta - 1) + (\sec^2\theta - \tan^2\theta)$

$\tan^2\theta + 1$

$\sec^2\theta$

97

(cscθ-sinθ) / ((cosθtanθ) / (sinθ / tanθ))

(cscθ-sinθ) / (sinθ / cosθ)

1 / tanθ

cotθ

98

(csc²θ - cot²θ) - (1 - (1 - sin²θ))

(csc²θ - cot²θ) - (1 - cos²θ)

1 - sin²θ

cos²θ

99

((1 / cosθ)(sinθ / tanθ)) - (1 - sin²θ)

(secθcosθ) - (1 - sin²θ)

1 - cos²θ

sin²θ

100

(cotθtanθ) - (1 - (1 - sin²θ))

(cotθtanθ) - (1 - cos²θ)

1 - sin²θ

cos²θ

101

(sin²θ + cos²θ) / ((cosθtanθ) / (sinθ /tanθ))

(sin²θ + cos²θ) / (sinθ / cosθ)

1 / tanθ

cotθ

102

((cosθ / sinθ)(sinθ / cosθ)) / (sinθ / tanθ)

(cotθtanθ) / (sinθ / tanθ)

1 / cosθ

secθ

103

((1 / cosθ)(sinθ / tanθ)) / (sinθ / tanθ)

(secθcosθ) / (sinθ / tanθ)

1 / cosθ

secθ

104

(secθcosθ) / ((cosθtanθ) / (sinθ / cosθ))

(secθcosθ) / (sinθ / tanθ)

1 / cosθ

secθ

105

$(\sin^2\theta + \cos^2\theta) / ((\sin\theta / \tan\theta)(\sin\theta / \cos\theta))$

$(\sin^2\theta + \cos^2\theta) / (\cos\theta\tan\theta)$

$1 / \sin\theta$

$\csc\theta$

106

$(\sec\theta\cos\theta) / ((\sin\theta / \tan\theta)(\sin\theta / \cos\theta))$

$(\sec\theta\cos\theta) / (\cos\theta\tan\theta)$

$1 / \sin\theta$

$\csc\theta$

107

$((\tan^2\theta + 1) - (\sec^2\theta - 1)) / (\sin\theta / \cos\theta)$

$(\sec^2\theta - \tan^2\theta) / (\sin\theta / \cos\theta)$

$1 / \tan\theta$

$\cot\theta$

108

$(1 + (\csc^2\theta - 1)) - (\sec\theta\cos\theta)$

$(1 + \cot^2\theta) - (\sec\theta\cos\theta)$

$\csc^2\theta - 1$

$\cot^2\theta$

109

(secθcosθ) + ((1 + cot²θ) - 1)

(secθcosθ) + (csc²θ - 1)

1 + cot²θ

csc²θ

110

(sec²θ - 1) + ((cosθ / sinθ)(sinθ / cosθ))

(sec²θ - 1) + (cotθtanθ)

tan²θ + 1

sec²θ

111

((cosθ / sinθ)(sinθ / cosθ)) - (1 - sin²θ)

(cotθtanθ) - (1 - sin²θ)

1 - cos²θ

sin²θ

112

(sec²θ - tan²θ) - (1 - (1 - cos²θ))

(sec²θ - tan²θ) - (1 - sin²θ)

1 - cos²θ

sin²θ

113
((1 + cot²θ) - (csc²θ - 1)) / (sinθ / cosθ)
(csc²θ - cot²θ) / (sinθ / cosθ)
1 / tanθ
cotθ

114
(sec²θ - tan²θ) / ((cosθtanθ) / (sinθ / cosθ))
(sec²θ - tan²θ) / (sinθ / tanθ)
1 / cosθ
secθ

115
((sec²θ - 1) + 1) - (sin²θ + cos²θ)
(tan²θ + 1) - (sin²θ + cos²θ)
sec²θ - 1
tan²θ

116
(cotθtanθ) / ((cosθtanθ) / (sinθ / tanθ))
(cotθtanθ) / (sinθ / cosθ)
1 / tanθ
cotθ

117

((1 - cos²θ) + (1 - sin²θ)) / (sinθ / cosθ)

(sin²θ + cos²θ) / (sinθ / cosθ)

1 / tanθ

cotθ

118

(cotθtanθ) + ((1 + cot²θ) - 1)

(cotθtanθ) + (csc²θ - 1)

1 + cot²θ

csc²θ

119

(csc²θ - cot²θ) - (1 - (1 - cos²θ))

(csc²θ - cot²θ) - (1 - sin²θ)

1 - cos²θ

sin²θ

120

((1 / cosθ)(sinθ / tanθ)) / (sinθ / cosθ)

(secθcosθ) / (sinθ / cosθ)

1 / tanθ

cotθ

121

(cscθsinθ) − (1 − (1 − sin²θ))

(cscθsinθ) − (1 − cos²θ)

1 − sin²θ

cos²θ

122

(csc²θ − cot²θ) / ((cosθtanθ)) / (sinθ / cosθ))

(csc²θ − cot²θ) / (sinθ / tanθ)

1 / cosθ

secθ

123

((1 − cos²θ) + (1 − sin²θ)) / (cosθtanθ)

(sin²θ + cos²θ) / (cosθtanθ)

1 / sinθ

cscθ

124

(tan²θ + 1) − ((1 − cos²θ) + (1 − sin²θ))

(tan²θ + 1) − (sin²θ + cos²θ)

sec²θ − 1

tan²θ

125

$((1 / \sin\theta)(\cos\theta\tan\theta)) / (\cos\theta\tan\theta)$

$(\csc\theta\sin\theta) / (\cos\theta\tan\theta)$

$1 / \sin\theta$

$\csc\theta$

126

$(\cot\theta\tan\theta) / ((\cos\theta\tan\theta) / (\sin\theta / \cos\theta))$

$(\cot\theta\tan\theta) / (\sin\theta / \tan\theta)$

$1 / \cos\theta$

$\sec\theta$

127

$((1 / \sin\theta)(\cos\theta\tan\theta)) / (\sin\theta / \tan\theta)$

$(\csc\theta\sin\theta) / (\sin\theta / \tan\theta)$

$1 / \cos\theta$

$\sec\theta$

128

$(\tan^2\theta + 1) - ((\cos\theta / \sin\theta)(\sin\theta / \cos\theta))$

$(\tan^2\theta + 1) - (\cot\theta\tan\theta)$

$\sec^2\theta - 1$

$\tan^2\theta$

129

$(\csc\theta\sin\theta) + ((1 + \cot^2\theta) - 1)$

$(\csc\theta\sin\theta) + (\csc^2\theta - 1)$

$1 + \cot^2\theta$

$\csc^2\theta$

130

$((1 / \sin\theta)(\cos\theta\tan\theta)) - (1 - \sin^2\theta)$

$(\csc\theta\sin\theta) - (1 - \sin^2\theta)$

$1 - \cos^2\theta$

$\sin^2\theta$

131

$(((\tan^2\theta + 1) - (\csc^2\theta - \cot^2\theta)) + ((1 / \sin\theta)(\cos\theta\tan\theta))) - (\csc^2\theta - \cot^2\theta)$

$((\sec^2\theta - 1) + (\csc\theta\sin\theta)) - (\csc^2\theta - \cot^2\theta)$

$(\tan^2\theta + 1) - (\csc^2\theta - \cot^2\theta)$

$\sec^2\theta - 1$

$\tan^2\theta$

132

((sinθ / tanθ)(sinθ / cosθ)) / ((cosθtanθ) / (sinθ / tanθ))) / (cosθtanθ)

(cosθtanθ) / ((sinθ / cosθ)) / (cosθtanθ)

(sinθ / tanθ) / (cosθtanθ)

cosθ / sinθ

cotθ

133

(((cosθtanθ) / (sinθ / cosθ))((cosθtanθ) / (sinθ / tanθ))) / (sinθ / tanθ)

((sinθ / tanθ)) / ((sinθ / cosθ)(sinθ / tanθ))

(cosθtanθ) / (sinθ / tanθ)

sinθ / cosθ

tanθ

134

(((cosθsinθ) / (sinθ / cosθ))((cosθtanθ) / (sinθ / tanθ))) / (cosθtanθ)

((1 / tanθ)(sinθ / cosθ)) / (cosθtanθ)

(cotθtanθ) / (cosθtanθ)

1 / sinθ

cscθ

135

(((1 / sinθ)(cosθtanθ)) + ((1 + cot²θ) - (secθcosθ))) - (csc²θ - cot²θ))

((cscθsinθ) + (csc²θ - 1)) - (csc²θ - cot²θ))

(1 + cot²θ) - (csc²θ - cot²θ))

csc²θ - 1

cot²θ

136

(((sinθ / tanθ)(sinθ / cosθ)) / ((cosθtanθ) / (sinθ / tanθ))(sinθ / cosθ))

((cosθtanθ) / (sinθ / cosθ))((sinθ / cosθ))

(sinθ / tanθ)(sinθ / cosθ)

cosθtanθ

sinθ

137

(((cotθtanθ) - (1 - sin²θ)) + ((cotθtanθ) - (1 - cos²θ))) - (1 - sin²θ)

((1 - cos²θ)) + (1 - sin²θ)) - (1 - sin²θ)

(sin²θ + cos²θ) - (1 - sin²θ)

1 - cos²θ

sin²θ

138

$(((1 / \cos\theta)(\sin\theta / \tan\theta))$ / $((\cos\theta\tan\theta) / (\sin\theta / \tan\theta)))(\sin\theta / \cos\theta)$

$((\sec\theta\cos\theta)$ / $(\sin\theta / \cos\theta))(\sin\theta / \cos\theta)$

$(1$ / $\tan\theta)(\sin\theta / \cos\theta)$

$\cot\theta\tan\theta$

1

139

$(((1 / \cos\theta)(\sin\theta / \tan\theta))$ - $((\cot\theta\tan\theta) - (1 - \cos^2\theta)))$ + $(1 - \sin^2\theta)$

$((\sec\theta\cos\theta) - (1 - \sin^2\theta))$ + $(1 - \sin^2\theta)$

$(1 - \cos^2\theta)$ + $(1 - \sin^2\theta)$

$\sin^2\theta$ + $\cos^2\theta$

1

140

$(((\sec\theta\cos\theta)$ / $(\sin\theta / \cos\theta))((\cos\theta\tan\theta) / (\sin\theta / \tan\theta)))$ / $(\sin\theta / \cos\theta)$

$((1$ / $\tan\theta)(\sin\theta / \cos\theta))$ / $(\sin\theta / \cos\theta)$

$(\cot\theta\tan\theta)$ / $(\sin\theta / \cos\theta)$

1 / $\tan\theta$

$\cot\theta$

141

$(((\sec^2\theta - 1) + (\cot\theta\tan\theta)) - ((1\ /\ \tan\theta)(\sin\theta\ /\ \cos\theta))) + (\cot\theta\tan\theta)$

$((\tan^2\theta + 1) - (\cot\theta\tan\theta)) + (\cot\theta\tan\theta)$

$(\sec^2\theta - 1) + (\cot\theta\tan\theta)$

$\tan^2\theta + 1$

$\sec^2\theta$

142

$(((\csc\theta\sin\theta) + (\csc^2\theta - 1)) - ((1 + \cot^2\theta) - (\csc\theta\sin\theta))) - (1 - \cos^2\theta)$

$((1 + \cot^2\theta) - (\csc^2\theta - 1)) - (1 - \cos^2\theta)$

$(\csc^2\theta - \cot^2\theta) - (1 - \cos^2\theta)$

$1 - \sin^2\theta$

$\cos^2\theta$

143

$(((\sec^2\theta - 1) + (\cot\theta\tan\theta)) - ((1\ /\ \sin\theta)(\cos\theta\tan\theta))) + (\csc^2\theta - \cot^2\theta)$

$((\tan^2\theta + 1) - (\csc\theta\sin\theta)) + (\csc^2\theta - \cot^2\theta)$

$(\sec^2\theta - 1) + (\csc^2\theta - \cot^2\theta)$

$\tan^2\theta + 1$

$\sec^2\theta$

144

$(((\cos\theta\tan\theta) / (\sin\theta / \cos\theta))((\cos\theta\tan\theta) / (\sin\theta / \tan\theta))) / (\sin\theta / \cos\theta)$

$((\sin\theta / \tan\theta)(\sin\theta / \cos\theta)) / (\sin\theta / \cos\theta)$

$(\cos\theta\tan\theta) / (\sin\theta / \cos\theta)$

$\sin\theta / \tan\theta$

$\cos\theta$

145

$(((\csc^2\theta - \cot^2\theta) + (\csc^2\theta - 1)) - ((1 + \cot^2\theta) - (\csc^2\theta - \cot^2\theta))) / (\sin\theta / \tan\theta)$

$((1 + \cot^2\theta) - (\csc^2\theta - 1)) / (\sin\theta / \tan\theta)$

$(\csc^2\theta - \cot^2\theta) / (\sin\theta / \tan\theta)$

$1 / \cos\theta$

$\sec\theta$

146

$(((\sin^2\theta + \cos^2\theta) - (1 - \sin^2\theta)) + ((\sin^2\theta + \cos^2\theta) - (1 - \cos^2\theta))) / (\cos\theta\tan\theta)$

$((1 - \cos^2\theta) + (1 - \sin^2\theta)) / (\cos\theta\tan\theta)$

$(\sin^2\theta + \cos^2\theta) / (\cos\theta\tan\theta)$

$1 / \sin\theta$

$\csc\theta$

147

$(((\sin^2\theta + \cos^2\theta) \ / \ (\sin\theta \ / \ \cos\theta))((\cos\theta\tan\theta) \ / \ (\sin\theta \ / \ \tan\theta))) \ / \ (\sin\theta \ / \ \cos\theta)$

$((1 \ / \ \tan\theta)(\sin\theta \ / \ \cos\theta)) \ / \ (\sin\theta \ / \ \cos\theta)$

$(\cot\theta\tan\theta) \ / \ (\sin\theta \ / \ \cos\theta)$

$1 \ / \ \tan\theta$

$\cot\theta$

148

$((((1 + \cot^2\theta) - (\csc^2\theta - 1)) \ / \ ((\cos\theta\tan\theta) \ / \ (\sin\theta \ / \ \tan\theta)))(\sin\theta \ / \ \cos\theta)$

$((\csc^2\theta - \cot^2\theta) \ / \ (\sin\theta \ / \ \cos\theta))(\sin\theta \ / \ \cos\theta)$

$(1 \ / \ \tan\theta)(\sin\theta \ / \ \cos\theta)$

$\cot\theta\tan\theta$

1

149

$(((\sin^2\theta + \cos^2\theta) + (\csc^2\theta - 1)) - ((1 + \cot^2\theta) - (\sin^2\theta + \cos^2\theta))) \ / \ (\sin\theta \ / \ \cos\theta)$

$((1 + \cot^2\theta) - (\csc^2\theta - 1)) \ / \ (\sin\theta \ / \ \cos\theta)$

$(\csc^2\theta - \cot^2\theta) \ / \ (\sin\theta \ / \ \cos\theta)$

$1 \ / \ \tan\theta$

$\cot\theta$

150

$(((1 / \cos\theta)(\sin\theta / \tan\theta)) + ((1 + \cot^2\theta) - (\sec\theta\cos\theta))) - (\cot\theta\tan\theta)$

$((\sec\theta\cos\theta) + (\csc^2\theta - 1)) - (\cot\theta\tan\theta)$

$(1 + \cot^2\theta) - (\cot\theta\tan\theta)$

$\csc^2\theta - 1$

$\cot^2\theta$

151

$(((\tan^2\theta + 1) - (\sec\theta\cos\theta)) + ((\tan^2\theta + 1) - (\sec^2\theta - 1))) - (\sec^2\theta - 1)$

$((\sec^2\theta - 1) + (\sec^2\theta - \tan^2\theta)) - (\sec^2\theta - 1)$

$(\tan^2\theta + 1) - (\sec^2\theta - 1)$

$\sec^2\theta - \tan^2\theta$

1

152

$(((\sec\theta\cos\theta) / (\sin\theta / \tan\theta))((\cos\theta\tan\theta) / (\sin\theta / \cos\theta))) / (\sin\theta / \tan\theta)$

$((1 / \cos\theta)(\sin\theta / \tan\theta)) / (\sin\theta / \tan\theta)$

$(\sec\theta\cos\theta) / (\sin\theta / \tan\theta)$

$1 / \cos\theta$

$\sec\theta$

153

$(((1 + \cot^2\theta) - (\csc^2\theta - 1)) / ((\sin\theta / \tan\theta)(\sin\theta / \cos\theta)))(\cos\theta\tan\theta)$

$((\csc^2\theta - \cot^2\theta) / (\cos\theta\tan\theta))(\cos\theta\tan\theta)$

$(1 / \sin\theta)(\cos\theta\tan\theta)$

$\csc\theta\sin\theta$

1

154

$(((\sin^2\theta + \cos^2\theta) / (\cos\theta\tan\theta))((\sin\theta / \tan\theta)(\sin\theta / \cos\theta))) / (\sin\theta / \cos\theta)$

$((1 / \sin\theta)(\cos\theta\tan\theta)) / (\sin\theta / \cos\theta)$

$(\csc\theta\sin\theta) / (\sin\theta / \cos\theta)$

$1 / \tan\theta$

$\cot\theta$

155

$(((\sin^2\theta + \cos^2\theta) - (1 - \sin^2\theta)) + ((\sin^2\theta + \cos^2\theta) - (1 - \cos^2\theta))) - (1 - \sin^2\theta)$

$((1 - \cos^2\theta) + (1 - \sin^2\theta)) - (1 - \sin^2\theta)$

$(\sin^2\theta + \cos^2\theta) - (1 - \sin^2\theta)$

$1 - \cos^2\theta$

$\sin^2\theta$

156

$(((1 / \cos\theta)(\sin\theta / \tan\theta)) / ((\cos\theta\tan\theta) / (\sin\theta / \cos\theta)))(\sin\theta / \tan\theta)$

$((\sec\theta\cos\theta) / (\sin\theta / \tan\theta))(\sin\theta / \tan\theta)$

$(1 / \cos\theta)(\sin\theta / \tan\theta)$

$\sec\theta\cos\theta$

1

157

$(((\sec\theta\cos\theta) + (\csc^2\theta - 1)) - ((1 + \cot^2\theta) - (\sec\theta\cos\theta))) - (1 - \cos^2\theta)$

$((1 + \cot^2\theta) - (\csc^2\theta - 1)) - (1 - \cos^2\theta)$

$(\csc^2\theta - \cot^2\theta) - (1 - \cos^2\theta)$

$1 - \sin^2\theta$

$\cos^2\theta$

158

$(((\tan^2\theta + 1) - (\csc^2\theta - \cot^2\theta)) + ((1 - \cos^2\theta) + (1 - \sin^2\theta))) - (\sec^2\theta - 1)$

$((\sec^2\theta - 1) + (\sin^2\theta + \cos^2\theta)) - (\sec^2\theta - 1)$

$(\tan^2\theta + 1) - (\sec^2\theta - 1)$

$\sec^2\theta - \tan^2\theta$

1

159

$(((\csc^2\theta - \cot^2\theta) / (\cos\theta\tan\theta))((\sin\theta / \tan\theta)(\sin\theta / \cos\theta))) / (\sin\theta / \tan\theta)$

$((1 / \sin\theta)(\cos\theta\tan\theta)) / (\sin\theta / \tan\theta)$

$(\csc\theta\sin\theta) / (\sin\theta / \tan\theta)$

$1 / \cos\theta$

$\sec\theta$

160

$(((\tan^2\theta + 1) - (\sec^2\theta - \tan^2\theta)) + ((1 + \cot^2\theta) - (\csc^2\theta - 1))) - (\sec\theta\cos\theta)$

$((\sec^2\theta - 1) + (\csc^2\theta - \cot^2\theta)) - (\sec\theta\cos\theta)$

$(\tan^2\theta + 1) - (\sec\theta\cos\theta)$

$\sec^2\theta - 1$

$\tan^2\theta$

161

$(((\sec^2\theta - 1) + (\cot\theta\tan\theta)) - ((1 + \cot^2\theta) - (\csc^2\theta - 1))) + (\sin^2\theta + \cos^2\theta)$

$((\tan^2\theta + 1) - (\csc^2\theta - \cot^2\theta)) + (\sin^2\theta + \cos^2\theta)$

$(\sec^2\theta - 1) + (\sin^2\theta + \cos^2\theta)$

$\tan^2\theta + 1$

$\sec^2\theta$

162

$(((\cot\theta\tan\theta) \ / \ (\sin\theta \ / \ \cos\theta))((\cos\theta\tan\theta) \ / \ (\sin\theta \ / \ \tan\theta))) \ / \ (\sin\theta \ / \ \cos\theta)$

$((1 \ / \ \tan\theta)(\sin\theta \ / \ \cos\theta)) \ / \ (\sin\theta \ / \ \cos\theta)$

$(\cot\theta\tan\theta) \ / \ (\sin\theta \ / \ \cos\theta)$

$1 \ / \ \tan\theta$

$\cot\theta$

163

$(((1 - \cos^2\theta) + (1 - \sin^2\theta\ )) + ((1 + \cot^2\theta) - (\sec\theta\cos\theta))) - (\sec^2\theta - \tan^2\theta)$

$((\sin^2\theta\ + \cos^2\theta) + (\csc^2\theta - 1)) - (\sec^2\theta - \tan^2\theta)$

$(1 + \cot^2\theta) - (\sec^2\theta - \tan^2\theta)$

$\csc^2\theta - 1$

$\cot^2\theta$

164

$(((1 \ / \ \sin\theta)(\cos\theta\tan\theta)) \ / \ ((\sin\theta \ / \ \tan\theta)(\sin\theta \ / \ \cos\theta)))(\cos\theta\tan\theta)$

$((\csc\theta\sin\theta) \ / \ (\cos\theta\tan\theta))(\cos\theta\tan\theta)$

$(1 \ / \ \sin\theta)(\cos\theta\tan\theta)$

$\csc\theta\sin\theta$

1

165

$(((\tan^2\theta + 1) - (\sin^2\theta + \cos^2\theta)) + ((1 \ / \ \tan\theta)(\sin\theta / \cos\theta))) - (\cot\theta\tan\theta)$

$((\sec^2\theta - 1) + (\cot\theta\tan\theta)) - (\cot\theta\tan\theta)$

$(\tan^2\theta + 1) - (\cot\theta\tan\theta)$

$\sec^2\theta - 1$

$\tan^2\theta$

166

$(((\tan^2\theta + 1) - (\sin^2\theta + \cos^2\theta)) + ((1 + \cot^2\theta) - (\csc^2\theta - 1))) - (\csc\theta\sin\theta)$

$((\sec^2\theta - 1) + (\csc^2\theta - \cot^2\theta)) - (\csc\theta\sin\theta)$

$(\tan^2\theta + 1) - (\csc\theta\sin\theta)$

$\sec^2\theta - 1$

$\tan^2\theta$

167

$(((\cot\theta\tan\theta) - (1 - \sin^2\theta)) + ((\cot\theta\tan\theta) - (1 - \cos^2\theta))) / (\sin\theta / \tan\theta)$

$((1 - \cos^2\theta) + (1 - \sin^2\theta)) / (\sin\theta / \tan\theta)$

$(\sin^2\theta + \cos^2\theta) / (\sin\theta / \tan\theta)$

$1 / \cos\theta$

$\sec\theta$

168

$(((sec^2\theta - 1) + (sin^2\theta + cos^2\theta)) - ((1 + cot^2\theta) - (csc^2\theta - 1))) + (csc\theta sin\theta)$

$((tan^2\theta + 1) - (csc^2\theta - cot^2\theta)) + (csc\theta sin\theta)$

$(sec^2\theta - 1) + (csc\theta sin\theta)$

$tan^2\theta + 1$

$sec^2\theta$

169

$(((sec^2\theta - tan^2\theta) - (1 - sin^2\theta)) + ((sec^2\theta - tan^2\theta) - (1 - cos^2\theta))) + (csc^2\theta - 1)$

$((1 - cos^2\theta) + (1 - sin^2\theta)) + (csc^2\theta - 1)$

$(sin^2\theta + cos^2\theta) + (csc^2\theta - 1)$

$1 + cot^2\theta$

$csc^2\theta$

170

$(((sin^2\theta + cos^2\theta) + (csc^2\theta - 1)) - ((1 \ / \ tan\theta)(sin\theta / cos\theta))) - (1 + cot^2\theta)$

$((1 + cot^2\theta) - (cot\theta tan\theta)) - (1 + cot^2\theta)$

$(csc^2\theta - 1) - (1 + cot^2\theta)$

$csc^2\theta - cot^2\theta$

-1

171

$(((\sec^2\theta - 1) + (\sec^2\theta - \tan^2\theta)) - ((1 + \cot^2\theta) - (\csc^2\theta - 1))) + (\cot\theta\tan\theta)$

$((\tan^2\theta + 1) - (\csc^2\theta - \cot^2\theta)) + (\cot\theta\tan\theta)$

$(\sec^2\theta - 1) + (\cot\theta\tan\theta)$

$\tan^2\theta + 1$

$\sec^2\theta$

172

$(((1 - \cos^2\theta) + (1 - \sin^2\theta)) - ((\csc\theta\sin\theta) - (1 - \cos^2\theta))) + (1 - \sin^2\theta)$

$((\sin^2\theta + \cos^2\theta) - (1 - \sin^2\theta)) + (1 - \sin^2\theta)$

$(1 - \cos^2\theta) + (1 - \sin^2\theta)$

$\sin^2\theta + \cos^2\theta$

1

173

$(((\sec\theta\cos\theta) + (\csc^2\theta - 1)) - ((1 / \tan\theta)(\sin\theta / \cos\theta))) - (1 + \cot^2\theta)$

$((1 + \cot^2\theta) - (\cot\theta\tan\theta)) - (1 + \cot^2\theta)$

$(\csc^2\theta - 1) - (1 + \cot^2\theta)$

$\csc^2\theta - \cot^2\theta$

-1

174

$(((\tan^2\theta + 1) - (\sin^2\theta + \cos^2\theta)) + ((1 + \cot^2\theta) - (\csc^2\theta - 1))) - (\sec^2\theta - \tan^2\theta)$

$((\sec^2\theta - 1) + (\csc^2\theta - \cot^2\theta)) - (\sec^2\theta - \tan^2\theta)$

$(\tan^2\theta + 1) - (\sec^2\theta - \tan^2\theta)$

$\sec^2\theta - 1$

$\tan^2\theta$

175

$(((\sec^2\theta - 1) + (\csc\theta\sin\theta)) - ((1 / \cos\theta)(\sin\theta / \tan\theta))) + (\csc^2\theta - \cot^2\theta)$

$((\tan^2\theta + 1) - (\sec\theta\cos\theta)) + (\csc^2\theta - \cot^2\theta)$

$(\sec^2\theta - 1) + (\csc^2\theta - \cot^2\theta)$

$\tan^2\theta + 1$

$\sec^2\theta$

176

$(((\cot\theta\tan\theta) / (\sin\theta / \tan\theta))((\cos\theta\tan\theta) / (\sin\theta / \cos\theta))) / (\cos\theta\tan\theta)$

$((1 / \cos\theta)(\sin\theta / \tan\theta)) / (\cos\theta\tan\theta)$

$(\sec\theta\cos\theta) / (\cos\theta\tan\theta)$

$1 / \sin\theta$

$\csc\theta$

177

$(((\cot\theta\tan\theta) / (\sin\theta / \tan\theta))((\cos\theta\tan\theta) / (\sin\theta / \cos\theta))) / (\sin\theta / \cos\theta)$

$((1 / \cos\theta)(\sin\theta / \tan\theta)) / (\sin\theta / \cos\theta)$

$(\sec\theta\cos\theta) / (\sin\theta / \cos\theta)$

$1 / \tan\theta$

$\cot\theta$

178

$(((\cot\theta\tan\theta) + (\csc^2\theta - 1)) - ((\tan^2\theta + 1) - (\sec^2\theta - 1))) - (1 + \cot^2\theta)$

$((1 + \cot^2\theta) - (\sec^2\theta - \tan^2\theta)) - (1 + \cot^2\theta)$

$(\csc^2\theta - 1) - (1 + \cot^2\theta)$

$\csc^2\theta - \cot^2\theta$

-1

179

$(((1 / \sin\theta)(\cos\theta\tan\theta)) + ((1 + \cot^2\theta) - (\csc^2\theta - \cot^2\theta))) - (\csc\theta\sin\theta)$

$((\csc\theta\sin\theta) + (\csc^2\theta - 1)) - (\csc\theta\sin\theta)$

$(1 + \cot^2\theta) - (\csc\theta\sin\theta)$

$\csc^2\theta - 1$

$\cot^2\theta$

180

$(((\tan^2\theta + 1) - (\cot\theta\tan\theta)) + ((1 \ / \ \tan\theta)(\sin\theta / \cos\theta))) - (\sec^2\theta - 1)$

$((\sec^2\theta - 1) + (\cot\theta\tan\theta)) - (\sec^2\theta - 1)$

$(\tan^2\theta + 1) - (\sec^2\theta - 1)$

$\sec^2\theta - \tan^2\theta$

1

181

$(((1 / \sin\theta)(\cos\theta\tan\theta)) - ((\sec\theta\cos\theta) - (1 - \cos^2\theta))) + (1 - \sin^2\theta)$

$((\csc\theta\sin\theta) - (1 - \sin^2\theta)) + (1 - \sin^2\theta)$

$(1 - \cos^2\theta) + (1 - \sin^2\theta)$

$\sin^2\theta + \cos^2\theta$

1

182

$(((1 + \cot^2\theta) - (\csc^2\theta - 1)) / ((\cos\theta\tan\theta) / (\sin\theta / \cos\theta)))(\sin\theta / \tan\theta)$

$((\csc^2\theta - \cot^2\theta) / (\sin\theta / \tan\theta))(\sin\theta / \tan\theta)$

$(1 / \cos\theta)(\sin\theta / \tan\theta)$

$\sec\theta\cos\theta$

1

183

$(((\sec\theta\cos\theta) / (\cos\theta\tan\theta))((\sin\theta / \tan\theta)(\sin\theta / \cos\theta))) - (1 - \cos^2\theta)$

$((1 / \sin\theta)(\cos\theta\tan\theta)) - (1 - \cos^2\theta)$

$(\csc\theta\sin\theta) - (1 - \cos^2\theta)$

$1 - \sin^2\theta$

$\cos^2\theta$

184

$((((1 / \tan\theta)(\sin\theta / \cos\theta)) / ((\sin\theta / \tan\theta)(\sin\theta / \cos\theta)))(\cos\theta\tan\theta)$

$((\cot\theta\tan\theta) / (\cos\theta\tan\theta))(\cos\theta\tan\theta)$

$(1 / \sin\theta)(\cos\theta\tan\theta)$

$\csc\theta\sin\theta$

1

185

$(((\sin^2\theta + \cos^2\theta) + (\csc^2\theta - 1)) - ((1 + \cot^2\theta) - (\sin^2\theta + \cos^2\theta))) - (1 - \sin^2\theta)$

$((1 + \cot^2\theta) - (\csc^2\theta - 1)) - (1 - \sin^2\theta)$

$(\csc^2\theta - \cot^2\theta) - (1 - \sin^2\theta)$

$1 - \cos^2\theta$

$\sin^2\theta$

186

$(((\sec^2\theta - 1) + (\cot\theta\tan\theta)) - ((\tan^2\theta + 1) - (\cot\theta\tan\theta))) - (1 - \sin^2\theta)$

$((\tan^2\theta + 1) - (\sec^2\theta - 1)) - (1 - \sin^2\theta)$

$(\sec^2\theta - \tan^2\theta) - (1 - \sin^2\theta)$

$1 - \cos^2\theta$

$\sin^2\theta$

187

$(((\csc\theta\sin\theta) / (\sin\theta / \tan\theta))((\cos\theta\tan\theta) / (\sin\theta / \cos\theta))) - (1 - \sin^2\theta)$

$((1 / \cos\theta)(\sin\theta / \tan\theta)) - (1 - \sin^2\theta)$

$(\sec\theta\cos\theta) - (1 - \sin^2\theta)$

$1 - \cos^2\theta$

$\sin^2\theta$

188

$(((1 + \cot^2\theta) - (\csc^2\theta - 1)) - ((\sin^2\theta + \cos^2\theta) - (1 - \cos^2\theta))) + (1 - \sin^2\theta)$

$((\csc^2\theta - \cot^2\theta) - (1 - \sin^2\theta)) + (1 - \sin^2\theta)$

$(1 - \cos^2\theta) + (1 - \sin^2\theta)$

$\sin^2\theta + \cos^2\theta$

1

189

$(((\sec^2\theta - 1) + (\sin^2\theta + \cos^2\theta)) - ((\tan^2\theta + 1) - (\sin^2\theta + \cos^2\theta))) - (1 - \sin^2\theta)$

$((\tan^2\theta + 1) - (\sec^2\theta - 1)) - (1 - \sin^2\theta)$

$(\sec^2\theta - \tan^2\theta) - (1 - \sin^2\theta)$

$1 - \cos^2\theta$

$\sin^2\theta$

190

$(((1 / \sin\theta)(\cos\theta\tan\theta)) + ((1 + \cot^2\theta) - (\csc\theta\sin\theta))) - (\cot\theta\tan\theta)$

$((\csc\theta\sin\theta) + (\csc^2\theta - 1)) - (\cot\theta\tan\theta)$

$(1 + \cot^2\theta) - (\cot\theta\tan\theta)$

$\csc^2\theta - 1$

$\cot^2\theta$

191

$(((\tan^2\theta + 1) - (\sec^2\theta - 1)) / ((\cos\theta\tan\theta) / (\sin\theta / \tan\theta)))(\sin\theta / \cos\theta)$

$((\sec^2\theta - \tan^2\theta) / (\sin\theta / \cos\theta))(\sin\theta / \cos\theta)$

$(1 / \tan\theta)(\sin\theta / \cos\theta)$

$\cot\theta\tan\theta$

1

192

$(((\tan^2\theta + 1) - (\csc^2\theta - \cot^2\theta)) + ((1 + \cot^2\theta) - (\csc^2\theta - 1))) - (\sec^2\theta - 1)$

$((\sec^2\theta - 1) + (\csc^2\theta - \cot^2\theta)) - (\sec^2\theta - 1)$

$(\tan^2\theta + 1) - (\sec^2\theta - 1)$

$\sec^2\theta - \tan^2\theta$

1

193

$(((\tan^2\theta + 1) - (\cot\theta\tan\theta)) + ((1 - \cos^2\theta) + (1 - \sin^2\theta))) - (\sec^2\theta - 1)$

$((\sec^2\theta - 1) + (\sin^2\theta + \cos^2\theta)) - (\sec^2\theta - 1)$

$(\tan^2\theta + 1) - (\sec^2\theta - 1)$

$\sec^2\theta - \tan^2\theta$

1

194

$(((\csc\theta\sin\theta) - (1 - \sin^2\theta)) + ((\csc\theta\sin\theta) - (1 - \cos^2\theta))) + (\csc^2\theta - 1)$

$((1 - \cos^2\theta) + (1 - \sin^2\theta)) + (\csc^2\theta - 1)$

$(\sin^2\theta + \cos^2\theta) + (\csc^2\theta - 1)$

$1 + \cot^2\theta$

$\csc^2\theta$

195

$$(((\sec^2\theta - 1) + (\csc^2\theta - \cot^2\theta)) - ((1 \ / \ \tan\theta)(\sin\theta / \cos\theta))) + (\sec\theta\cos\theta)$$

$$((\tan^2\theta + 1) - (\cot\theta\tan\theta)) + (\sec\theta\cos\theta)$$

$$(\sec^2\theta - 1) + (\sec\theta\cos\theta)$$

$$\tan^2\theta + 1$$

$$\sec^2\theta$$

196

$$(((1 - \cos^2\theta) + (1 - \sin^2\theta \ )) - ((\sec^2\theta - \tan^2\theta) - (1 - \cos^2\theta))) + (1 - \sin^2\theta \ )$$

$$((\sin^2\theta \ + \cos^2\theta) - (1 - \sin^2\theta \ )) + (1 - \sin^2\theta \ )$$

$$(1 - \cos^2\theta) + (1 - \sin^2\theta \ )$$

$$\sin^2\theta \ + \cos^2\theta$$

$$1$$

197

$$(((\sec\theta\cos\theta) / (\cos\theta\tan\theta))((\sin\theta / \tan\theta)(\sin\theta / \cos\theta))) / (\sin\theta / \tan\theta)$$

$$((1 / \sin\theta)(\cos\theta\tan\theta)) / (\sin\theta / \tan\theta)$$

$$(\csc\theta\sin\theta) / (\sin\theta / \tan\theta)$$

$$1 / \cos\theta$$

$$\sec\theta$$

198

$(((tan^2\theta + 1) - (sec\theta cos\theta)) + ((1 \ / \ tan\theta)(sin\theta \ / \ cos\theta))) - (sec^2\theta - 1)$

$((sec^2\theta - 1) + (cot\theta tan\theta)) - (sec^2\theta - 1)$

$(tan^2\theta + 1) - (sec^2\theta - 1)$

$sec^2\theta - tan^2\theta$

1

199

$(((sec^2\theta - tan^2\theta) + (csc^2\theta - 1)) - ((1 + cot^2\theta) - (sec^2\theta - tan^2\theta))) \ / \ (sin\theta \ / \ cos\theta)$

$((1 + cot^2\theta) - (csc^2\theta - 1)) \ / \ (sin\theta \ / \ cos\theta)$

$(csc^2\theta - cot^2\theta) \ / \ (sin\theta \ / \ cos\theta)$

$1 \ / \ tan\theta$

$cot\theta$

200

$(((sin^2\theta \ + cos^2\theta) + (csc^2\theta - 1)) - ((1 \ / \ cos\theta)(sin\theta \ / \ tan\theta))) - (1 + cot^2\theta)$

$((1 + cot^2\theta) - (sec\theta cos\theta)) - (1 + cot^2\theta)$

$(csc^2\theta - 1) - (1 + cot^2\theta)$

$csc^2\theta - cot^2\theta$

-1

201

$(((1 - \cos^2\theta) + (1 - \sin^2\theta)) + ((1 + \cot^2\theta) - (\csc^2\theta - \cot^2\theta))) - (\csc\theta\sin\theta)$

$((\sin^2\theta + \cos^2\theta) + (\csc^2\theta - 1)) - (\csc\theta\sin\theta)$

$(1 + \cot^2\theta) - (\csc\theta\sin\theta)$

$\csc^2\theta - 1$

$\cot^2\theta$

202

$(((\sec^2\theta - \tan^2\theta) + (\csc^2\theta - 1)) - ((\tan^2\theta + 1) - (\sec^2\theta - 1))) - (1 + \cot^2\theta)$

$((1 + \cot^2\theta) - (\sec^2\theta - \tan^2\theta)) - (1 + \cot^2\theta)$

$(\csc^2\theta - 1) - (1 + \cot^2\theta)$

$\csc^2\theta - \cot^2\theta$

-1

203

$(((\cot\theta\tan\theta) / (\cos\theta\tan\theta))(\sin\theta / \tan\theta)(\sin\theta / \cos\theta)) - (1 - \cos^2\theta)$

$((1 / \sin\theta)(\cos\theta\tan\theta)) - (1 - \cos^2\theta)$

$(\csc\theta\sin\theta) - (1 - \cos^2\theta)$

$1 - \sin^2\theta$

$\cos^2\theta$

204

((1 / tanθ)(sinθ / cosθ)) / ((cosθtanθ) / (sinθ / cosθ))(sinθ / tanθ)))

((cotθtanθ) / (sinθ / tanθ))(sinθ / tanθ)

(1 / cosθ)(sinθ / tanθ)

secθcosθ

1

205

(((sec²θ - tan²θ) / (sinθ / cosθ))((cosθtanθ) / (sinθ / tanθ))) / (sinθ / tanθ)

((1 / tanθ)(sinθ / cosθ)) / (sinθ / tanθ)

(cotθtanθ) / (sinθ / tanθ)

1 / cosθ

secθ

206

(((1 + cot²θ) - (csc²θ - 1)) + ((1 + cot²θ) - (sin²θ + cos²θ))) - (cotθtanθ)

((csc²θ - cot²θ) + (csc²θ - 1)) - (cotθtanθ)

(1 + cot²θ) - (cotθtanθ)

csc²θ - 1

cot²θ

207

$(((1 / \cos\theta)(\sin\theta / \tan\theta)) - ((\csc^2\theta - \cot^2\theta) - (1 - \cos^2\theta))) + (1 - \sin^2\theta$)

$((\sec\theta\cos\theta) - (1 - \sin^2\theta)) + (1 - \sin^2\theta$)

$(1 - \cos^2\theta) + (1 - \sin^2\theta$)

$\sin^2\theta + \cos^2\theta$

1

208

$(((\sec^2\theta - \tan^2\theta) / (\sin\theta / \tan\theta))((\cos\theta\tan\theta) / (\sin\theta / \cos\theta))) / (\sin\theta / \tan\theta)$

$((1 / \cos\theta)(\sin\theta / \tan\theta)) / (\sin\theta / \tan\theta)$

$(\sec\theta\cos\theta) / (\sin\theta / \tan\theta)$

$1 / \cos\theta$

$\sec\theta$

209

$(((1 / \tan\theta)(\sin\theta / \cos\theta)) - ((\cot\theta\tan\theta) - (1 - \cos^2\theta))) + (1 - \sin^2\theta$)

$((\cot\theta\tan\theta) - (1 - \sin^2\theta)) + (1 - \sin^2\theta$)

$(1 - \cos^2\theta) + (1 - \sin^2\theta$)

$\sin^2\theta + \cos^2\theta$

1

210

$(((1 - \cos^2\theta) + (1 - \sin^2\theta)) / ((\sin\theta / \tan\theta)(\sin\theta / \cos\theta)))(\cos\theta\tan\theta)$

$((\sin^2\theta + \cos^2\theta) / (\cos\theta\tan\theta))(\cos\theta\tan\theta)$

$(1 / \sin\theta)(\cos\theta\tan\theta)$

$\csc\theta\sin\theta$

1

211

$(((\sec^2\theta - 1) + (\sec\theta\cos\theta)) - ((\tan^2\theta + 1) - (\sec\theta\cos\theta))) / (\sin\theta / \cos\theta)$

$((\tan^2\theta + 1) - (\sec^2\theta - 1)) / (\sin\theta / \cos\theta)$

$(\sec^2\theta - \tan^2\theta) / (\sin\theta / \cos\theta)$

$1 / \tan\theta$

$\cot\theta$

212

$(((1 / \sin\theta)(\cos\theta\tan\theta)) / ((\cos\theta\tan\theta) / (\sin\theta / \cos\theta)))(\sin\theta / \tan\theta)$

$((\csc\theta\sin\theta) / (\sin\theta / \tan\theta))(\sin\theta / \tan\theta)$

$(1 / \cos\theta)(\sin\theta / \tan\theta)$

$\sec\theta\cos\theta$

1

213

$(((\sec^2\theta - 1) + (\cot\theta\tan\theta)) - ((1 / \cos\theta)(\sin\theta / \tan\theta))) + (\csc^2\theta - \cot^2\theta)$

$((\tan^2\theta + 1) - (\sec\theta\cos\theta)) + (\csc^2\theta - \cot^2\theta)$

$(\sec^2\theta - 1) + (\csc^2\theta - \cot^2\theta)$

$\tan^2\theta + 1$

$\sec^2\theta$

214

$(((\csc^2\theta - \cot^2\theta) / (\cos\theta\tan\theta))((\sin\theta / \tan\theta)(\sin\theta / \cos\theta))) \ / \ (\sin\theta / \cos\theta)$

$((1 / \sin\theta)(\cos\theta\tan\theta)) \ / \ (\sin\theta / \cos\theta)$

$(\csc\theta\sin\theta) \ / \ (\sin\theta / \cos\theta)$

$1 \ / \ \tan\theta$

$\cot\theta$

215

$(((\sin^2\theta + \cos^2\theta) / (\cos\theta\tan\theta))((\sin\theta / \tan\theta)(\sin\theta / \cos\theta))) / (\sin\theta / \tan\theta)$

$((1 / \sin\theta)(\cos\theta\tan\theta)) / (\sin\theta / \tan\theta)$

$(\csc\theta\sin\theta) / (\sin\theta / \tan\theta)$

$1 / \cos\theta$

$\sec\theta$

216

$(((\sec^2\theta - 1) + (\csc\theta\sin\theta)) - ((1 / \sin\theta)(\cos\theta\tan\theta))) + (\sec^2\theta - \tan^2\theta)$

$((\tan^2\theta + 1) - (\csc\theta\sin\theta)) + (\sec^2\theta - \tan^2\theta)$

$(\sec^2\theta - 1) + (\sec^2\theta - \tan^2\theta)$

$\tan^2\theta + 1$

$\sec^2\theta$

217

$(((1 / \tan\theta)(\sin\theta / \cos\theta)) + ((1 + \cot^2\theta) - (\csc\theta\sin\theta))) - (\sec^2\theta - \tan^2\theta)$

$((\cot\theta\tan\theta) + (\csc^2\theta - 1)) - (\sec^2\theta - \tan^2\theta)$

$(1 + \cot^2\theta) - (\sec^2\theta - \tan^2\theta)$

$\csc^2\theta - 1$

$\cot^2\theta$

218

$(((\tan^2\theta + 1) - (\sec^2\theta - 1)) - ((\sin^2\theta + \cos^2\theta) - (1 - \cos^2\theta))) + (1 - \sin^2\theta)$

$((\sec^2\theta - \tan^2\theta) - (1 - \sin^2\theta)) + (1 - \sin^2\theta)$

$(1 - \cos^2\theta) + (1 - \sin^2\theta)$

$\sin^2\theta + \cos^2\theta$

1

219

$(((\tan^2\theta + 1) - (\csc\theta\sin\theta)) + ((\tan^2\theta + 1) - (\sec^2\theta - 1))) - (\sec^2\theta - 1)$

$((\sec^2\theta - 1) + (\sec^2\theta - \tan^2\theta)) - (\sec^2\theta - 1)$

$(\tan^2\theta + 1) - (\sec^2\theta - 1)$

$\sec^2\theta - \tan^2\theta$

1

220

$(((\csc\theta\sin\theta) - (1 - \sin^2\theta)) + ((\csc\theta\sin\theta) - (1 - \cos^2\theta))) - (1 - \cos^2\theta)$

$((1 - \cos^2\theta) + (1 - \sin^2\theta)) - (1 - \cos^2\theta)$

$(\sin^2\theta + \cos^2\theta) - (1 - \cos^2\theta)$

$1 - \sin^2\theta$

$\cos^2\theta$

221

$(((\tan^2\theta + 1) - (\sec^2\theta - \tan^2\theta)) + ((1 \;/\; \tan\theta)(\sin\theta / \cos\theta))) - (\sec\theta\cos\theta)$

$((\sec^2\theta - 1) + (\cot\theta\tan\theta)) - (\sec\theta\cos\theta)$

$(\tan^2\theta + 1) - (\sec\theta\cos\theta)$

$\sec^2\theta - 1$

$\tan^2\theta$

222

$(((csc\theta sin\theta) + (csc^2\theta - 1)) - ((1 + cot^2\theta) - (csc^2\theta - 1))) - (1 + cot^2\theta)$

$((1 + cot^2\theta) - (csc^2\theta - cot^2\theta)) - (1 + cot^2\theta)$

$(csc^2\theta - 1) - (1 + cot^2\theta)$

$csc^2\theta - cot^2\theta$

-1

223

$(((1 + cot^2\theta) - (csc^2\theta - 1)) - ((sec\theta cos\theta) - (1 - cos^2\theta))) + (1 - sin^2\theta)$

$((csc^2\theta - cot^2\theta) - (1 - sin^2\theta)) + (1 - sin^2\theta)$

$(1 - cos^2\theta) + (1 - sin^2\theta)$

$sin^2\theta + cos^2\theta$

1

224

$(((1 - cos^2\theta) + (1 - sin^2\theta)) + ((1 + cot^2\theta) - (sin^2\theta + cos^2\theta))) - (csc^2\theta - cot^2\theta)$

$((sin^2\theta + cos^2\theta) + (csc^2\theta - 1)) - (csc^2\theta - cot^2\theta)$

$(1 + cot^2\theta) - (csc^2\theta - cot^2\theta)$

$csc^2\theta - 1$

$cot^2\theta$

225

$(((\tan^2\theta + 1) - (\sec^2\theta - 1)) / ((\cos\theta\tan\theta) / (\sin\theta / \cos\theta))(\sin\theta / \tan\theta)$

$((\sec^2\theta - \tan^2\theta) / (\sin\theta / \tan\theta))(\sin\theta / \tan\theta)$

$(1 / \cos\theta)(\sin\theta / \tan\theta)$

$\sec\theta\cos\theta$

1

226

$(((1 / \sin\theta)(\cos\theta\tan\theta)) / ((\cos\theta\tan\theta) / (\sin\theta / \tan\theta))(\sin\theta / \cos\theta)$

$((\csc\theta\sin\theta) / (\sin\theta / \cos\theta))(\sin\theta / \cos\theta)$

$(1 / \tan\theta)(\sin\theta / \cos\theta)$

$\cot\theta\tan\theta$

1

227

$(((\tan^2\theta + 1) - (\sec^2\theta - 1)) - ((\cot\theta\tan\theta) - (1 - \cos^2\theta))) + (1 - \sin^2\theta)$

$((\sec^2\theta - \tan^2\theta) - (1 - \sin^2\theta)) + (1 - \sin^2\theta)$

$(1 - \cos^2\theta) + (1 - \sin^2\theta)$

$\sin^2\theta + \cos^2\theta$

1

228

(((sec²θ - 1) + (csc²θ - cot²θ)) - ((1 / cosθ)(sinθ / tanθ)) + ((csc²θ - cot²θ))

((tan²θ + 1) - (secθcosθ)) + ((csc²θ - cot²θ))

(sec²θ - 1) + (csc²θ - cot²θ)

tan²θ + 1

sec²θ

229

(((1 / cosθ)(sinθ / tanθ)) + ((1 + cot²θ) - (sin²θ + cos²θ)) - (csc²θ - cot²θ))

((secθcosθ) + (csc²θ - 1)) - (csc²θ - cot²θ)

(1 + cot²θ) - (csc²θ - cot²θ)

csc²θ - 1

cot²θ

230

(((1 + cot²θ) - (csc²θ - 1)) + ((1 + cot²θ) - (sin²θ + cos²θ))) - (cscθsinθ)

((csc²θ - cot²θ) + (csc²θ - 1)) - (cscθsinθ)

(1 + cot²θ) - (cscθsinθ)

csc²θ - 1

cot²θ

231
(((sin²θ + cos²θ) + (csc²θ - 1)) - ((1 / sinθ)(cosθtanθ))) - (1 + cot²θ)
((1 + cot²θ) - (cscθsinθ)) - (1 + cot²θ)
(csc²θ - 1) - (1 + cot²θ)
csc²θ - cot²θ
-1

232
(((sec²θ - 1) + (cscθsinθ)) - ((1 - cos²θ) + (1 - sin²θ))) + (csc²θ - cot²θ)
((tan²θ + 1) - (sin²θ + cos²θ)) + (csc²θ - cot²θ)
(sec²θ - 1) + (csc²θ - cot²θ)
tan²θ + 1
sec²θ

233
(((cscθsinθ) / (sinθ / cosθ))((cosθtanθ) / (sinθ / tanθ))) / (sinθ / cosθ)
((1 / tanθ)(sinθ / cosθ)) / (sinθ / cosθ)
(cotθtanθ) / (sinθ / cosθ)
1 / tanθ
cotθ

234

$((\sec^2\theta - 1) + (\csc\theta\sin\theta)) - ((1 / \cos\theta)(\sin\theta / \tan\theta)) + (\sin^2\theta + \cos^2\theta)$

$((\tan^2\theta + 1) - (\sec\theta\cos\theta)) + (\sin^2\theta + \cos^2\theta)$

$(\sec^2\theta - 1) + (\sin^2\theta + \cos^2\theta)$

$\tan^2\theta + 1$

$\sec^2\theta$

235

$(((1 + \cot^2\theta) - (\csc^2\theta - 1)) + ((1 + \cot^2\theta) - (\csc^2\theta - \cot^2\theta))) - (\sec^2\theta - \tan^2\theta)$

$((\csc^2\theta - \cot^2\theta) + (\csc^2\theta - 1)) - (\sec^2\theta - \tan^2\theta)$

$(1 + \cot^2\theta) - (\sec^2\theta - \tan^2\theta)$

$\csc^2\theta - 1$

$\cot^2\theta$

236

$(((1 - \cos^2\theta) + (1 - \sin^2\theta)) / ((\cos\theta\tan\theta) / (\sin\theta / \tan\theta)))(\sin\theta / \cos\theta)$

$((\sin^2\theta + \cos^2\theta) / (\sin\theta / \cos\theta))(\sin\theta / \cos\theta)$

$(1 / \tan\theta)(\sin\theta / \cos\theta)$

$\cot\theta\tan\theta$

1

237

$(((\tan^2\theta + 1) - (\cot\theta\tan\theta)) + ((1 - \cos^2\theta) + (1 - \sin^2\theta)) - (\csc^2\theta - \cot^2\theta)$

$((\sec^2\theta - 1) + ((\sin^2\theta + \cos^2\theta) - (\csc^2\theta - \cot^2\theta))$

$(\tan^2\theta + 1) - (\csc^2\theta - \cot^2\theta)$

$\sec^2\theta - 1$

$\tan^2\theta$

238

$(((\tan^2\theta + 1) - (\csc\theta\sin\theta)) + ((\tan^2\theta + 1) - (\sec^2\theta - 1)) - (\sec\theta\cos\theta)$

$((\sec^2\theta - 1) + (\sec^2\theta - \tan^2\theta)) - (\sec\theta\cos\theta)$

$(\tan^2\theta + 1) - (\sec\theta\cos\theta)$

$\sec^2\theta - 1$

$\tan^2\theta$

239

$(((\sin^2\theta + \cos^2\theta) - (1 - \sin^2\theta)) + ((\sin^2\theta + \cos^2\theta) - (1 - \cos^2\theta))) / (\sin\theta / \tan\theta)$

$((1 - \cos^2\theta) + (1 - \sin^2\theta)) / (\sin\theta / \tan\theta)$

$(\sin^2\theta + \cos^2\theta) / (\sin\theta / \tan\theta)$

$1 / \cos\theta$

$\sec\theta$

240

$(((\csc\theta\sin\theta)/(\sin\theta/\tan\theta))(\cos\theta\tan\theta)/(\sin\theta/\cos\theta))/(\sin\theta/\cos\theta)$

$((1/\cos\theta)(\sin\theta/\tan\theta))/(\sin\theta/\cos\theta)$

$(\sec\theta\cos\theta)/(\sin\theta/\cos\theta)$

$1/\tan\theta$

$\cot\theta$

241

$(((\sec^2\theta - 1) + (\sin^2\theta + \cos^2\theta)) - ((\tan^2\theta + 1) - (\sin^2\theta + \cos^2\theta)))/(\cos\theta\tan\theta)$

$((\tan^2\theta + 1) - (\sec^2\theta - 1))/(\cos\theta\tan\theta)$

$(\sec^2\theta - \tan^2\theta)/(\cos\theta\tan\theta)$

$1/\sin\theta$

$\csc\theta$

242

$(((\sec\theta\cos\theta) + (\csc^2\theta - 1)) - ((1 + \cot^2\theta) - (\sec\theta\cos\theta))) - (1 - \sin^2\theta)$

$((1 + \cot^2\theta) - (\csc^2\theta - 1)) - (1 - \sin^2\theta)$

$(\csc^2\theta - \cot^2\theta) - (1 - \sin^2\theta)$

$1 - \cos^2\theta$

$\sin^2\theta$

243

$(((\csc\theta\sin\theta) \ / \ (\sin\theta \ / \ \cos\theta))((\cos\theta\tan\theta) \ / \ (\sin\theta \ / \ \tan\theta))) - (1 - \sin^2\theta \ )$

$((1 \ / \ \tan\theta)(\sin\theta \ / \ \cos\theta)) - (1 - \sin^2\theta \ )$

$(\cot\theta\tan\theta) - (1 - \sin^2\theta \ )$

$1 - \cos^2\theta$

$\sin^2\theta$

244

$(((\sec^2\theta - 1) + (\cot\theta\tan\theta)) - ((\tan^2\theta + 1) - (\cot\theta\tan\theta))) \ / \ (\sin\theta \ / \ \cos\theta)$

$((\tan^2\theta + 1) - (\sec^2\theta - 1)) \ / \ (\sin\theta \ / \ \cos\theta)$

$(\sec^2\theta - \tan^2\theta) \ / \ (\sin\theta \ / \ \cos\theta)$

$1 \ / \ \tan\theta$

$\cot\theta$

245

$(((\sec^2\theta - \tan^2\theta) - (1 - \sin^2\theta \ )) + ((\sec^2\theta - \tan^2\theta) - (1 - \cos^2\theta))) - (1 - \cos^2\theta)$

$((1 - \cos^2\theta) + (1 - \sin^2\theta \ )) - (1 - \cos^2\theta)$

$(\sin^2\theta \ + \cos^2\theta) - (1 - \cos^2\theta)$

$1 - \sin^2\theta$

$\cos^2\theta$

246
((secθcosθ) - (1 - sin²θ)) + ((secθcosθ) - (1 - cos²θ)) - (1 - cos²θ)
((1 - cos²θ) + ((1 - sin²θ)) - (1 - cos²θ)
(sin²θ + cos²θ) - (1 - cos²θ)
1 - sin²θ
cos²θ

247
((1 / tanθ)(sinθ / cosθ)) - ((cscθsinθ) - (1 - cos²θ)) + (1 - sin²θ)
((cotθtanθ)) + ((1 - sin²θ)) + (1 - sin²θ)
(1 - cos²θ) + (1 - sin²θ)
sin²θ + cos²θ
1

248
(((cotθtanθ) / (sinθ / tanθ))((cosθtanθ) / (sinθ / cosθ))) - (1 - cos²θ)
((1 / cosθ)(sinθ / tanθ)) - (1 - cos²θ)
(secθcosθ) - (1 - cos²θ)
1 - sin²θ
cos²θ

249

$(((1 - \cos^2\theta) + (1 - \sin^2\theta)) - ((\csc^2\theta - \cot^2\theta) - (1 - \cos^2\theta))) + (1 - \sin^2\theta)$

$((\sin^2\theta + \cos^2\theta) - (1 - \sin^2\theta)) + (1 - \sin^2\theta)$

$(1 - \cos^2\theta) + (1 - \sin^2\theta)$

$\sin^2\theta + \cos^2\theta$

1

250

$(((1 + \cot^2\theta) - (\csc^2\theta - 1)) + ((1 + \cot^2\theta) - (\csc\theta\sin\theta))) - (\sec^2\theta - \tan^2\theta)$

$((\csc^2\theta - \cot^2\theta) + (\csc^2\theta - 1)) - (\sec^2\theta - \tan^2\theta)$

$(1 + \cot^2\theta) - (\sec^2\theta - \tan^2\theta)$

$\csc^2\theta - 1$

$\cot^2\theta$

251

$(((\sec^2\theta - 1) + (\sec^2\theta - \tan^2\theta)) - ((1 / \sin\theta)(\cos\theta\tan\theta))) + (\csc^2\theta - \cot^2\theta)$

$((\tan^2\theta + 1) - (\csc\theta\sin\theta)) + (\csc^2\theta - \cot^2\theta)$

$(\sec^2\theta - 1) + (\csc^2\theta - \cot^2\theta)$

$\tan^2\theta + 1$

$\sec^2\theta$

252

$(((\sec\theta\cos\theta) \ / \ (\sin\theta / \cos\theta))((\cos\theta\tan\theta) / (\sin\theta / \tan\theta))) / (\cos\theta\tan\theta)$

$((1 \ / \ \tan\theta)(\sin\theta / \cos\theta)) / (\cos\theta\tan\theta)$

$(\cot\theta\tan\theta) / (\cos\theta\tan\theta)$

$1 / \sin\theta$

$\csc\theta$

253

$(((\tan^2\theta + 1) - (\sin^2\theta + \cos^2\theta)) + ((1 / \sin\theta)(\cos\theta\tan\theta))) - (\cot\theta\tan\theta)$

$((\sec^2\theta - 1) + (\csc\theta\sin\theta)) - (\cot\theta\tan\theta)$

$(\tan^2\theta + 1) - (\cot\theta\tan\theta)$

$\sec^2\theta - 1$

$\tan^2\theta$

254

$(((1 / \sin\theta)(\cos\theta\tan\theta)) + ((1 + \cot^2\theta) - (\cot\theta\tan\theta))) - (\sin^2\theta + \cos^2\theta)$

$((\csc\theta\sin\theta) + (\csc^2\theta - 1)) - (\sin^2\theta + \cos^2\theta)$

$(1 + \cot^2\theta) - (\sin^2\theta + \cos^2\theta)$

$\csc^2\theta - 1$

$\cot^2\theta$

255

$(((1 - \cos^2\theta) + (1 - \sin^2\theta)) + ((1 + \cot^2\theta) - (\csc^2\theta - \cot^2\theta))) - (\cot\theta\tan\theta)$

$((\sin^2\theta + \cos^2\theta) + (\csc^2\theta - 1)) - (\cot\theta\tan\theta)$

$(1 + \cot^2\theta) - (\cot\theta\tan\theta)$

$\csc^2\theta - 1$

$\cot^2\theta$

256

$(((\sec\theta\cos\theta) - (1 - \sin^2\theta)) + ((\sec\theta\cos\theta) - (1 - \cos^2\theta))) + (\csc^2\theta - 1)$

$((1 - \cos^2\theta) + (1 - \sin^2\theta)) + (\csc^2\theta - 1)$

$(\sin^2\theta + \cos^2\theta) + (\csc^2\theta - 1)$

$1 + \cot^2\theta$

$\csc^2\theta$

257

$(((\tan^2\theta + 1) - (\sec^2\theta - 1)) + ((1 + \cot^2\theta) - (\csc^2\theta - \cot^2\theta))) - (\sec\theta\cos\theta)$

$((\sec^2\theta - \tan^2\theta) + (\csc^2\theta - 1)) - (\sec\theta\cos\theta)$

$(1 + \cot^2\theta) - (\sec\theta\cos\theta)$

$\csc^2\theta - 1$

$\cot^2\theta$

258

$(((\cot\theta\tan\theta) + (\csc^2\theta - 1)) - ((1 + \cot^2\theta) - (\cot\theta\tan\theta))) - (1 - \cos^2\theta)$

$((1 + \cot^2\theta) - (\csc^2\theta - 1)) - (1 - \cos^2\theta)$

$(\csc^2\theta - \cot^2\theta) - (1 - \cos^2\theta)$

$1 - \sin^2\theta$

$\cos^2\theta$

259

$(((\sec^2\theta - 1) + (\csc^2\theta - \cot^2\theta)) - ((1 / \sin\theta)(\cos\theta\tan\theta))) + (\sec\theta\cos\theta)$

$((\tan^2\theta + 1) - (\csc\theta\sin\theta)) + (\sec\theta\cos\theta)$

$(\sec^2\theta - 1) + (\sec\theta\cos\theta)$

$\tan^2\theta + 1$

$\sec^2\theta$

260

$(((\sec^2\theta - 1) + (\sin^2\theta + \cos^2\theta)) - ((\tan^2\theta + 1) - (\sin^2\theta + \cos^2\theta))) - (1 - \cos^2\theta)$

$((\tan^2\theta + 1) - (\sec^2\theta - 1)) - (1 - \cos^2\theta)$

$(\sec^2\theta - \tan^2\theta) - (1 - \cos^2\theta)$

$1 - \sin^2\theta$

$\cos^2\theta$

261

$(((\tan^2\theta + 1) - (\sin^2\theta + \cos^2\theta)) + ((1 - \cos^2\theta) + (1 - \sin^2\theta))) - (\sec^2\theta - 1)$

$((\sec^2\theta - 1) + (\sin^2\theta + \cos^2\theta)) - (\sec^2\theta - 1)$

$(\tan^2\theta + 1) - (\sec^2\theta - 1)$

$\sec^2\theta - \tan^2\theta$

1

262

$(((1 \; / \; \tan\theta)(\sin\theta \; / \; \cos\theta)) \; / \; ((\cos\theta\tan\theta) \; / \; (\sin\theta \; / \; \tan\theta)))(\sin\theta \; / \; \cos\theta)$

$((\cot\theta\tan\theta) \; / \; (\sin\theta \; / \; \cos\theta))(\sin\theta \; / \; \cos\theta)$

$(1 \; / \; \tan\theta)(\sin\theta \; / \; \cos\theta)$

$\cot\theta\tan\theta$

1

263

$((((\csc^2\theta - \cot^2\theta) \; / \; (\sin\theta \; / \; \cos\theta))((\cos\theta\tan\theta) \; / \; (\sin\theta \; / \; \tan\theta))) \; / \; (\sin\theta \; / \; \tan\theta)$

$((1 \; / \; \tan\theta)(\sin\theta \; / \; \cos\theta)) \; / \; (\sin\theta \; / \; \tan\theta)$

$(\cot\theta\tan\theta) \; / \; (\sin\theta \; / \; \tan\theta)$

$1 \; / \; \cos\theta$

$\sec\theta$

264

$(((\sec^2\theta - 1) + (\csc^2\theta - \cot^2\theta)) - ((\tan^2\theta + 1) - (\sec^2\theta - 1))) + (\cot\theta\tan\theta)$

$((\tan^2\theta + 1) - (\sec^2\theta - \tan^2\theta)) + (\cot\theta\tan\theta)$

$(\sec^2\theta - 1) + (\cot\theta\tan\theta)$

$\tan^2\theta + 1$

$\sec^2\theta$

265

$(((1 / \cos\theta)(\sin\theta / \tan\theta)) + ((1 + \cot^2\theta) - (\cot\theta\tan\theta))) - (\sec\theta\cos\theta)$

$((\sec\theta\cos\theta) + (\csc^2\theta - 1)) - (\sec\theta\cos\theta)$

$(1 + \cot^2\theta) - (\sec\theta\cos\theta)$

$\csc^2\theta - 1$

$\cot^2\theta$

266

$(((\cot\theta\tan\theta) - (1 - \sin^2\theta)) + ((\cot\theta\tan\theta) - (1 - \cos^2\theta))) - (1 - \cos^2\theta)$

$((1 - \cos^2\theta) + (1 - \sin^2\theta)) - (1 - \cos^2\theta)$

$(\sin^2\theta + \cos^2\theta) - (1 - \cos^2\theta)$

$1 - \sin^2\theta$

$\cos^2\theta$

267

$(((\sin^2\theta + \cos^2\theta) + (\csc^2\theta - 1)) - ((1 + \cot^2\theta) - (\sin^2\theta + \cos^2\theta))) / (\sin\theta / \tan\theta)$

$((1 + \cot^2\theta) - (\csc^2\theta - 1)) / (\sin\theta / \tan\theta)$

$(\csc^2\theta - \cot^2\theta) / (\sin\theta / \tan\theta)$

$1 / \cos\theta$

$\sec\theta$

268

$(((\sec^2\theta - 1) + (\cot\theta\tan\theta)) - ((\tan^2\theta + 1) - (\sec^2\theta - 1))) + (\sin^2\theta + \cos^2\theta)$

$((\tan^2\theta + 1) - (\sec^2\theta - \tan^2\theta)) + (\sin^2\theta + \cos^2\theta)$

$(\sec^2\theta - 1) + (\sin^2\theta + \cos^2\theta)$

$\tan^2\theta + 1$

$\sec^2\theta$

269

$(((\sin^2\theta + \cos^2\theta) / (\sin\theta / \tan\theta))((\cos\theta\tan\theta) / (\sin\theta / \cos\theta))) / (\cos\theta\tan\theta)$

$((1 / \cos\theta)(\sin\theta / \tan\theta)) / (\cos\theta\tan\theta)$

$(\sec\theta\cos\theta) / (\cos\theta\tan\theta)$

$1 / \sin\theta$

$\csc\theta$

270

$(((\tan^2\theta + 1) - (\sin^2\theta + \cos^2\theta)) + ((1 / \sin\theta)(\cos\theta\tan\theta))) - (\csc^2\theta - \cot^2\theta)$

$((\sec^2\theta - 1) + (\csc\theta\sin\theta)) - (\csc^2\theta - \cot^2\theta)$

$(\tan^2\theta + 1) - (\csc^2\theta - \cot^2\theta)$

$\sec^2\theta - 1$

$\tan^2\theta$

271

$(((\sec^2\theta - 1) + (\sec\theta\cos\theta)) - ((\tan^2\theta + 1) - (\sec\theta\cos\theta))) + (\csc^2\theta - 1)$

$((\tan^2\theta + 1) - (\sec^2\theta - 1)) + (\csc^2\theta - 1)$

$(\sec^2\theta - \tan^2\theta) + (\csc^2\theta - 1)$

$1 + \cot^2\theta$

$\csc^2\theta$

272

$(((1 / \cos\theta)(\sin\theta / \tan\theta)) / ((\sin\theta / \tan\theta)(\sin\theta / \cos\theta)))(\cos\theta\tan\theta)$

$((\sec\theta\cos\theta) / (\cos\theta\tan\theta))(\cos\theta\tan\theta)$

$(1 / \sin\theta)(\cos\theta\tan\theta)$

$\csc\theta\sin\theta$

1

273

$(((\sec\theta\cos\theta) / (\sin\theta / \tan\theta))((\cos\theta\tan\theta) / (\sin\theta / \cos\theta))) / (\sin\theta / \cos\theta)$

$((1 / \cos\theta)(\sin\theta / \tan\theta)) / (\sin\theta / \cos\theta)$

$(\sec\theta\cos\theta) / (\sin\theta / \cos\theta)$

$1 / \tan\theta$

$\cot\theta$

274

$(((\tan^2\theta + 1) - (\sec^2\theta - 1)) / ((\sin\theta / \tan\theta)(\sin\theta / \cos\theta)))(\cos\theta\tan\theta)$

$((\sec^2\theta - \tan^2\theta) / (\cos\theta\tan\theta))(\cos\theta\tan\theta)$

$(1 / \sin\theta)(\cos\theta\tan\theta)$

$\csc\theta\sin\theta$

1

275

$(((1 - \cos^2\theta) + (1 - \sin^2\theta)) + ((1 + \cot^2\theta) - (\sec^2\theta - \tan^2\theta))) - (\sec\theta\cos\theta)$

$((\sin^2\theta + \cos^2\theta) + (\csc^2\theta - 1)) - (\sec\theta\cos\theta)$

$(1 + \cot^2\theta) - (\sec\theta\cos\theta)$

$\csc^2\theta - 1$

$\cot^2\theta$

276

$(((\tan^2\theta + 1) - (\cot\theta\tan\theta)) + ((1 / \sin\theta)(\cos\theta\tan\theta))) - (\sec^2\theta - \tan^2\theta)$

$((\sec^2\theta - 1) + (\csc\theta\sin\theta)) - (\sec^2\theta - \tan^2\theta)$

$(\tan^2\theta + 1) - (\sec^2\theta - \tan^2\theta)$

$\sec^2\theta - 1$

$\tan^2\theta$

277

$(((\sec\theta\cos\theta) / (\cos\theta\tan\theta))((\sin\theta / \tan\theta)(\sin\theta / \cos\theta))) / (\cos\theta\tan\theta)$

$((1 / \sin\theta)(\cos\theta\tan\theta)) / (\cos\theta\tan\theta)$

$(\csc\theta\sin\theta) / (\cos\theta\tan\theta)$

$1 / \sin\theta$

$\csc\theta$

278

$(((\sec\theta\cos\theta) + (\csc^2\theta - 1)) - ((1 + \cot^2\theta) - (\sec\theta\cos\theta))) / (\cos\theta\tan\theta)$

$((1 + \cot^2\theta) - (\csc^2\theta - 1)) / (\cos\theta\tan\theta)$

$(\csc^2\theta - \cot^2\theta) / (\cos\theta\tan\theta)$

$1 / \sin\theta$

$\csc\theta$

279

$(((\sec^2\theta - 1) + (\sec\theta\cos\theta)) - ((\tan^2\theta + 1) - (\sec\theta\cos\theta))) / (\sin\theta / \tan\theta)$

$((\tan^2\theta + 1) - (\sec^2\theta - 1)) / (\sin\theta / \tan\theta)$

$(\sec^2\theta - \tan^2\theta) / (\sin\theta / \tan\theta)$

$1 / \cos\theta$

$\sec\theta$

280

$(((\sec^2\theta - \tan^2\theta) / (\sin\theta / \tan\theta))((\cos\theta\tan\theta) / (\sin\theta / \cos\theta))) / (\sin\theta / \cos\theta)$

$((1 / \cos\theta)(\sin\theta / \tan\theta)) / (\sin\theta / \cos\theta)$

$(\sec\theta\cos\theta) / (\sin\theta / \cos\theta)$

$1 / \tan\theta$

$\cot\theta$

281

$(((\sec^2\theta - 1) + (\sec\theta\cos\theta)) - ((1 / \tan\theta)(\sin\theta / \cos\theta))) + (\sec^2\theta - \tan^2\theta)$

$((\tan^2\theta + 1) - (\cot\theta\tan\theta)) + (\sec^2\theta - \tan^2\theta)$

$(\sec^2\theta - 1) + (\sec^2\theta - \tan^2\theta)$

$\tan^2\theta + 1$

$\sec^2\theta$

282

$((\sin^2\theta + \cos^2\theta) / (\sin\theta / \cos\theta))((\cos\theta\tan\theta) / (\sin\theta / \tan\theta)) / (\sin\theta / \tan\theta)$

$((1 / \tan\theta)(\sin\theta / \cos\theta)) / (\sin\theta / \tan\theta)$

$(\cot\theta\tan\theta) / (\sin\theta / \tan\theta)$

$1 / \cos\theta$

$\sec\theta$

283

$(((1 - \cos^2\theta) + (1 - \sin^2\theta)) - ((\sin^2\theta + \cos^2\theta) - (1 - \cos^2\theta))) + (1 - \sin^2\theta)$

$((\sin^2\theta + \cos^2\theta) - (1 - \sin^2\theta)) + (1 - \sin^2\theta)$

$(1 - \cos^2\theta) + (1 - \sin^2\theta)$

$\sin^2\theta + \cos^2\theta$

1

284

$(((\cot\theta\tan\theta) + (\csc^2\theta - 1)) - ((1 + \cot^2\theta) - (\cot\theta\tan\theta))) / (\sin\theta / \cos\theta)$

$((1 + \cot^2\theta) - (\csc^2\theta - 1)) / (\sin\theta / \cos\theta)$

$(\csc^2\theta - \cot^2\theta) / (\sin\theta / \cos\theta)$

$1 / \tan\theta$

$\cot\theta$

285

$(((\sec^2\theta - \tan^2\theta) - (1 - \sin^2\theta)) + ((\sec^2\theta - \tan^2\theta) - (1 - \cos^2\theta))) / (\sin\theta / \tan\theta)$

$((1 - \cos^2\theta) + (1 - \sin^2\theta)) / (\sin\theta / \tan\theta)$

$(\sin^2\theta + \cos^2\theta) / (\sin\theta / \tan\theta)$

$1 / \cos\theta$

$\sec\theta$

286

$(((\sec^2\theta - \tan^2\theta) / (\cos\theta\tan\theta))(\sin\theta / \tan\theta)(\sin\theta / \cos\theta)) - (1 - \cos^2\theta)$

$((1 / \sin\theta)(\cos\theta\tan\theta)) - (1 - \cos^2\theta)$

$(\csc\theta\sin\theta) - (1 - \cos^2\theta)$

$1 - \sin^2\theta$

$\cos^2\theta$

287

$(((\tan^2\theta + 1) - (\sec^2\theta - 1)) - ((\csc\theta\sin\theta) - (1 - \cos^2\theta))) + (1 - \sin^2\theta)$

$((\sec^2\theta - \tan^2\theta) - (1 - \sin^2\theta)) + (1 - \sin^2\theta)$

$(1 - \cos^2\theta) + (1 - \sin^2\theta)$

$\sin^2\theta + \cos^2\theta$

1

288

$(((\sec^2\theta - \tan^2\theta) / (\sin\theta / \tan\theta))((\cos\theta\tan\theta) / (\sin\theta / \cos\theta))) - (1 - \sin^2\theta)$

$((1 / \cos\theta)(\sin\theta / \tan\theta)) - (1 - \sin^2\theta)$

$(\sec\theta\cos\theta) - (1 - \sin^2\theta)$

$1 - \cos^2\theta$

$\sin^2\theta$

289

$(((1 / \cos\theta)(\sin\theta / \tan\theta)) - ((\sec\theta\cos\theta) - (1 - \cos^2\theta))) + (1 - \sin^2\theta)$

$((\sec\theta\cos\theta) - (1 - \sin^2\theta)) + (1 - \sin^2\theta)$

$(1 - \cos^2\theta) + (1 - \sin^2\theta)$

$\sin^2\theta + \cos^2\theta$

1

290

$(((\tan^2\theta + 1) - (\csc^2\theta - \cot^2\theta)) + ((1 / \tan\theta)(\sin\theta / \cos\theta))) - (\csc\theta\sin\theta)$

$((\sec^2\theta - 1) + (\cot\theta\tan\theta)) - (\csc\theta\sin\theta)$

$(\tan^2\theta + 1) - (\csc\theta\sin\theta)$

$\sec^2\theta - 1$

$\tan^2\theta$

291

$(((1 / \cos\theta)(\sin\theta / \tan\theta)) + ((1 + \cot^2\theta) - (\csc^2\theta - \cot^2\theta))) - (\csc\theta\sin\theta)$

$((\sec\theta\cos\theta) + (\csc^2\theta - 1)) - (\csc\theta\sin\theta)$

$(1 + \cot^2\theta) - (\csc\theta\sin\theta)$

$\csc^2\theta - 1$

$\cot^2\theta$

292

$(((\sec^2\theta - 1) + (\cot\theta\tan\theta)) - ((\tan^2\theta + 1) - (\sec^2\theta - 1))) + (\csc\theta\sin\theta)$

$((\tan^2\theta + 1) - (\sec^2\theta - \tan^2\theta)) + (\csc\theta\sin\theta)$

$(\sec^2\theta - 1) + (\csc\theta\sin\theta)$

$\tan^2\theta + 1$

$\sec^2\theta$

293

$(((1 / \sin\theta)(\cos\theta\tan\theta)) + ((1 + \cot^2\theta) - (\sin^2\theta + \cos^2\theta))) - (\sin^2\theta + \cos^2\theta)$

$((\csc\theta\sin\theta) + (\csc^2\theta - 1)) - (\sin^2\theta + \cos^2\theta)$

$(1 + \cot^2\theta) - (\sin^2\theta + \cos^2\theta)$

$\csc^2\theta - 1$

$\cot^2\theta$

294

$(((1 / \sin\theta)(\cos\theta\tan\theta)) - ((\sin^2\theta + \cos^2\theta) - (1 - \cos^2\theta))) + (1 - \sin^2\theta)$

$((\csc\theta\sin\theta) - (1 - \sin^2\theta)) + (1 - \sin^2\theta)$

$(1 - \cos^2\theta) + (1 - \sin^2\theta)$

$\sin^2\theta + \cos^2\theta$

1

295

$(((\tan^2\theta + 1) - (\csc^2\theta - \cot^2\theta)) + ((1 / \cos\theta)(\sin\theta / \tan\theta))) - (\sec^2\theta - 1)$

$((\sec^2\theta - 1) + (\sec\theta\cos\theta)) - (\sec^2\theta - 1)$

$(\tan^2\theta + 1) - (\sec^2\theta - 1)$

$\sec^2\theta - \tan^2\theta$

1

296

$(((\tan^2\theta + 1) - (\cot\theta\tan\theta)) + ((1 - \cos^2\theta) + (1 - \sin^2\theta))) - (\sec^2\theta - \tan^2\theta)$

$((\sec^2\theta - 1) + (\sin^2\theta + \cos^2\theta)) - (\sec^2\theta - \tan^2\theta)$

$(\tan^2\theta + 1) - (\sec^2\theta - \tan^2\theta)$

$\sec^2\theta - 1$

$\tan^2\theta$

297

$(((\sec^2\theta - 1) + (\sec\theta\cos\theta)) - ((1 / \sin\theta)(\cos\theta\tan\theta))) + (\sec^2\theta - \tan^2\theta)$

$((\tan^2\theta + 1) - (\csc\theta\sin\theta)) + (\sec^2\theta - \tan^2\theta)$

$(\sec^2\theta - 1) + (\sec^2\theta - \tan^2\theta)$

$\tan^2\theta + 1$

$\sec^2\theta$

298

$(((\csc^2\theta - \cot^2\theta) + (\csc^2\theta - 1)) - ((1 / \cos\theta)(\sin\theta / \tan\theta))) - (1 + \cot^2\theta)$

$((1 + \cot^2\theta) - (\sec\theta\cos\theta)) - (1 + \cot^2\theta)$

$(\csc^2\theta - 1) - (1 + \cot^2\theta)$

$\csc^2\theta - \cot^2\theta$

-1

299

$(((1 / \cos\theta)(\sin\theta / \tan\theta)) + ((1 + \cot^2\theta) - (\sec^2\theta - \tan^2\theta))) - (\sec\theta\cos\theta)$

$((\sec\theta\cos\theta) + (\csc^2\theta - 1)) - (\sec\theta\cos\theta)$

$(1 + \cot^2\theta) - (\sec\theta\cos\theta)$

$\csc^2\theta - 1$

$\cot^2\theta$

300

$(((1 + \cot^2\theta) - (\csc^2\theta - 1)) + ((1 + \cot^2\theta) - (\csc\theta\sin\theta))) - (\csc\theta\sin\theta)$

$((\csc^2\theta - \cot^2\theta) + (\csc^2\theta - 1)) - (\csc\theta\sin\theta)$

$(1 + \cot^2\theta) - (\csc\theta\sin\theta)$

$\csc^2\theta - 1$

$\cot^2\theta$

301

$(((\tan^2\theta + 1) - (\cot\theta\tan\theta)) + ((1 / \sin\theta)(\cos\theta\tan\theta))) - (\cot\theta\tan\theta)$

$((\sec^2\theta - 1) + (\csc\theta\sin\theta)) - (\cot\theta\tan\theta)$

$(\tan^2\theta + 1) - (\cot\theta\tan\theta)$

$\sec^2\theta - 1$

$\tan^2\theta$

302

$(((\sec\theta\cos\theta) / (\cos\theta\tan\theta))((\sin\theta / \tan\theta)(\sin\theta / \cos\theta))) + (\csc^2\theta - 1)$

$((1 / \sin\theta)(\cos\theta\tan\theta)) + (\csc^2\theta - 1)$

$(\csc\theta\sin\theta) + (\csc^2\theta - 1)$

$1 + \cot^2\theta$

$\csc^2\theta$

303

$(((\tan^2\theta + 1) - (\sec\theta\cos\theta)) + ((1 + \cot^2\theta) - (\csc^2\theta - 1))) - (\sin^2\theta + \cos^2\theta)$

$((\sec^2\theta - 1) + (\csc^2\theta - \cot^2\theta)) - (\sin^2\theta + \cos^2\theta)$

$(\tan^2\theta + 1) - (\sin^2\theta + \cos^2\theta)$

$\sec^2\theta - 1$

$\tan^2\theta$

304

$(((\sec^2\theta - 1) + (\csc^2\theta - \cot^2\theta)) - ((1 - \cos^2\theta) + (1 - \sin^2\theta))) + (\csc^2\theta - \cot^2\theta)$

$((\tan^2\theta + 1) - (\sin^2\theta + \cos^2\theta)) + (\csc^2\theta - \cot^2\theta)$

$(\sec^2\theta - 1) + (\csc^2\theta - \cot^2\theta)$

$\tan^2\theta + 1$

$\sec^2\theta$

305

$(((1 / \tan\theta)(\sin\theta / \cos\theta)) + ((1 + \cot^2\theta) - (\csc\theta\sin\theta))) - (\csc^2\theta - \cot^2\theta)$

$((\cot\theta\tan\theta) + (\csc^2\theta - 1)) - (\csc^2\theta - \cot^2\theta)$

$(1 + \cot^2\theta) - (\csc^2\theta - \cot^2\theta)$

$\csc^2\theta - 1$

$\cot^2\theta$

306

$(((\csc\theta\sin\theta) / (\cos\theta\tan\theta))((\sin\theta / \tan\theta)(\sin\theta / \cos\theta))) - (1 - \sin^2\theta)$

$((1 / \sin\theta)(\cos\theta\tan\theta)) - (1 - \sin^2\theta)$

$(\csc\theta\sin\theta) - (1 - \sin^2\theta)$

$1 - \cos^2\theta$

$\sin^2\theta$

307

$(((\sec^2\theta - 1) + (\sec^2\theta - \tan^2\theta)) - ((1 + \cot^2\theta) - (\csc^2\theta - 1))) + (\sec\theta\cos\theta)$

$((\tan^2\theta + 1) - (\csc^2\theta - \cot^2\theta)) + (\sec\theta\cos\theta)$

$(\sec^2\theta - 1) + (\sec\theta\cos\theta)$

$\tan^2\theta + 1$

$\sec^2\theta$

308

$(((\cot\theta\tan\theta) + (\csc^2\theta - 1)) - ((1 + \cot^2\theta) - (\cot\theta\tan\theta))) + (\csc^2\theta - 1)$

$((1 + \cot^2\theta) - (\csc^2\theta - 1)) + (\csc^2\theta - 1)$

$(\csc^2\theta - \cot^2\theta) + (\csc^2\theta - 1)$

$1 + \cot^2\theta$

$\csc^2\theta$

309

(((cotθtanθ) / (cosθtanθ))((sinθ / tanθ)(sinθ / cosθ))) / (sinθ / cosθ)

((1 / sinθ)(cosθtanθ)) / (sinθ / cosθ)

(cscθsinθ) / (sinθ / cosθ)

1 / tanθ

cotθ

310

(((1 / cosθ)(sinθ / tanθ)) + ((1 + cot²θ) - (sec²θ - tan²θ))) - (csc²θ - cot²θ)

((secθcosθ) + (csc²θ - 1)) - (csc²θ - cot²θ)

(1 + cot²θ) - (csc²θ - cot²θ)

csc²θ - 1

cot²θ

311

(((sec²θ - tan²θ) / (sinθ / tanθ))((cosθtanθ) / (sinθ / cosθ))) - (1 - cos²θ)

((1 / cosθ)(sinθ / tanθ)) - (1 - cos²θ)

(secθcosθ) - (1 - cos²θ)

1 - sin²θ

cos²θ

312

$((\sec^2\theta - 1) + (\sin^2\theta + \cos^2\theta)) - ((\tan^2\theta + 1) - (\sin^2\theta + \cos^2\theta))) / (\sin\theta / \tan\theta)$

$((\tan^2\theta + 1) - (\sec^2\theta - 1)) / (\sin\theta / \tan\theta)$

$(\sec^2\theta - \tan^2\theta) / (\sin\theta / \tan\theta)$

$1 / \cos\theta$

$\sec\theta$

313

$((\cot\theta\tan\theta) / (\sin\theta / \tan\theta))((\cos\theta\tan\theta) / (\sin\theta / \cos\theta))) / (\sin\theta / \tan\theta)$

$((1 / \cos\theta)(\sin\theta / \tan\theta)) / (\sin\theta / \tan\theta)$

$(\sec\theta\cos\theta) / (\sin\theta / \tan\theta)$

$1 / \cos\theta$

$\sec\theta$

314

$(((\sec\theta\cos\theta) + (\csc^2\theta - 1)) - ((1 - \cos^2\theta) + (1 - \sin^2\theta))) - (1 + \cot^2\theta)$

$((1 + \cot^2\theta) - ((\sin^2\theta + \cos^2\theta)) - (1 + \cot^2\theta)$

$(\csc^2\theta - 1) - (1 + \cot^2\theta)$

$\csc^2\theta - \cot^2\theta$

-1

315

$(((\sec^2\theta - \tan^2\theta) / (\sin\theta / \tan\theta))((\cos\theta\tan\theta) / (\sin\theta / \cos\theta))) / (\cos\theta\tan\theta)$

$((1 / \cos\theta)(\sin\theta / \tan\theta)) / (\cos\theta\tan\theta)$

$(\sec\theta\cos\theta) / (\cos\theta\tan\theta)$

$1 / \sin\theta$

$\csc\theta$

316

$(((1 - \cos^2\theta) + (1 - \sin^2\theta)) + ((1 + \cot^2\theta) - (\sin^2\theta + \cos^2\theta))) - (\sec\theta\cos\theta)$

$((\sin^2\theta + \cos^2\theta) + (\csc^2\theta - 1)) - (\sec\theta\cos\theta)$

$(1 + \cot^2\theta) - (\sec\theta\cos\theta)$

$\csc^2\theta - 1$

$\cot^2\theta$

317

$(((1 / \tan\theta)(\sin\theta / \cos\theta)) - ((\sec\theta\cos\theta) - (1 - \cos^2\theta))) + (1 - \sin^2\theta)$

$((\cot\theta\tan\theta) - (1 - \sin^2\theta)) + (1 - \sin^2\theta)$

$(1 - \cos^2\theta) + (1 - \sin^2\theta)$

$\sin^2\theta + \cos^2\theta$

1

318

((csc²θ - cot²θ) / (sinθ / tanθ))((cosθtanθ) / (sinθ / cosθ)) - (1 - sin²θ)

((1 / cosθ)(sinθ / tanθ)) - (1 - sin²θ)

(secθcosθ) - (1 - sin²θ)

1 - cos²θ

sin²θ

319

((secθcosθ) - (1 - sin²θ)) + ((secθcosθ) - (1 - cos²θ)) / (sinθ / tanθ)

((1 - cos²θ) - (1 - sin²θ)) + (sinθ / tanθ)

(sin²θ + cos²θ) / (sinθ / tanθ)

1 / cosθ

secθ

320

(((1 / cosθ)(sinθ / tanθ)) - ((sec²θ - tan²θ) - (1 - cos²θ))) + (1 - sin²θ)

((secθcosθ) - (1 - sin²θ)) + (1 - sin²θ)

(1 - cos²θ) + (1 - sin²θ)

sin²θ + cos²θ

1

321

$(((\tan^2\theta + 1) - (\sec^2\theta - \tan^2\theta)) + ((1 / \cos\theta)(\sin\theta / \tan\theta))) - (\sec^2\theta - 1)$

$((\sec^2\theta - 1) + (\sec\theta\cos\theta)) - (\sec^2\theta - 1)$

$(\tan^2\theta + 1) - (\sec^2\theta - 1)$

$\sec^2\theta - \tan^2\theta$

1

322

$(((\sec^2\theta - 1) + (\csc\theta\sin\theta)) - ((\tan^2\theta + 1) - (\csc\theta\sin\theta))) / (\sin\theta / \tan\theta)$

$((\tan^2\theta + 1) - (\sec^2\theta - 1)) / (\sin\theta / \tan\theta)$

$(\sec^2\theta - \tan^2\theta) / (\sin\theta / \tan\theta)$

$1 / \cos\theta$

$\sec\theta$

323

$(((\tan^2\theta + 1) - (\csc^2\theta - \cot^2\theta)) + ((1 / \cos\theta)(\sin\theta / \tan\theta))) - (\sin^2\theta + \cos^2\theta)$

$((\sec^2\theta - 1) + (\sec\theta\cos\theta)) - (\sin^2\theta + \cos^2\theta)$

$(\tan^2\theta + 1) - (\sin^2\theta + \cos^2\theta)$

$\sec^2\theta - 1$

$\tan^2\theta$

324

$(((csc^2θ - cot^2θ) + (csc^2θ - 1)) - ((1 + cot^2θ) - (csc^2θ - cot^2θ))) - (1 - sin^2θ)$

$((1 + cot^2θ) - (csc^2θ - 1)) - (1 - sin^2θ)$

$(csc^2θ - cot^2θ) - (1 - sin^2θ)$

$1 - cos^2θ$

$sin^2θ$

325

$(((secθcosθ) / (sinθ / tanθ))((cosθtanθ) / (sinθ / cosθ))) / (cosθtanθ)$

$((1 / cosθ)(sinθ / tanθ)) / (cosθtanθ)$

$(secθcosθ) / (cosθtanθ)$

$1 / sinθ$

$cscθ$

326

$(((1 / sinθ)(cosθtanθ)) - ((cotθtanθ) - (1 - cos^2θ))) + (1 - sin^2θ)$

$((cscθsinθ) - (1 - sin^2θ)) + (1 - sin^2θ)$

$(1 - cos^2θ) + (1 - sin^2θ)$

$sin^2θ + cos^2θ$

1

327

$(((1/\cos\theta)(\sin\theta/\tan\theta)) - ((\sin^2\theta + \cos^2\theta) - (1 - \cos^2\theta))) + (1 - \sin^2\theta\ )$

$((\sec\theta\cos\theta) - (1 - \sin^2\theta\ )) + (1 - \sin^2\theta\ )$

$(1 - \cos^2\theta) + (1 - \sin^2\theta\ )$

$\sin^2\theta + \cos^2\theta$

1

328

$(((\tan^2\theta + 1) - (\cot\theta\tan\theta)) + ((1/\sin\theta)(\cos\theta\tan\theta))) - (\sec^2\theta - 1)$

$((\sec^2\theta - 1) + (\csc\theta\sin\theta)) - (\sec^2\theta - 1)$

$(\tan^2\theta + 1) - (\sec^2\theta - 1)$

$\sec^2\theta - \tan^2\theta$

1

329

$(((\csc^2\theta - \cot^2\theta) - (1 - \sin^2\theta\ )) + ((\csc^2\theta - \cot^2\theta) - (1 - \cos^2\theta))) / (\cos\theta\tan\theta)$

$((1 - \cos^2\theta) + (1 - \sin^2\theta\ )) / (\cos\theta\tan\theta)$

$(\sin^2\theta + \cos^2\theta) / (\cos\theta\tan\theta)$

$1 / \sin\theta$

$\csc\theta$

330

$((\sec^2\theta - 1) + (\sin^2\theta + \cos^2\theta)) - ((\tan^2\theta + 1) - (\sin^2\theta + \cos^2\theta)) + (\csc^2\theta - 1)$

$((\tan^2\theta + 1) - (\sec^2\theta - 1)) + (\csc^2\theta - 1)$

$(\sec^2\theta - \tan^2\theta) + (\csc^2\theta - 1)$

$1 + \cot^2\theta$

$\csc^2\theta$

331

$((\tan^2\theta + 1) - (\sec^2\theta - 1)) + ((1 + \cot^2\theta) - (\csc\theta\sin\theta)) - (\cot\theta\tan\theta)$

$((\sec^2\theta - \tan^2\theta) + (\csc^2\theta - 1)) - (\cot\theta\tan\theta)$

$(1 + \cot^2\theta) - (\cot\theta\tan\theta)$

$\csc^2\theta - 1$

$\cot^2\theta$

332

$((\tan^2\theta + 1) - (\csc\theta\sin\theta)) + ((1 / \sin\theta)(\cos\theta\tan\theta)) - (\sec^2\theta - 1)$

$((\sec^2\theta - 1) + (\csc\theta\sin\theta)) - (\sec^2\theta - 1)$

$(\tan^2\theta + 1) - (\sec^2\theta - 1)$

$\sec^2\theta - \tan^2\theta$

1

333

$(((\tan^2\theta + 1) - (\sin^2\theta + \cos^2\theta)) + ((1 + \cot^2\theta) - (\csc^2\theta - 1))) - (\sec^2\theta - 1)$

$((\sec^2\theta - 1) + (\csc^2\theta - \cot^2\theta)) - (\sec^2\theta - 1)$

$(\tan^2\theta + 1) - (\sec^2\theta - 1)$

$\sec^2\theta - \tan^2\theta$

1

334

$(((\tan^2\theta + 1) - (\sec^2\theta - 1)) + ((1 + \cot^2\theta) - (\cot\theta\tan\theta))) - (\sec\theta\cos\theta)$

$((\sec^2\theta - \tan^2\theta) + (\csc^2\theta - 1)) - (\sec\theta\cos\theta)$

$(1 + \cot^2\theta) - (\sec\theta\cos\theta)$

$\csc^2\theta - 1$

$\cot^2\theta$

335

$(((\csc^2\theta - \cot^2\theta) / (\sin\theta / \tan\theta))((\cos\theta\tan\theta) / (\sin\theta / \cos\theta))) + (\csc^2\theta - 1)$

$((1 / \cos\theta)(\sin\theta / \tan\theta)) + (\csc^2\theta - 1)$

$(\sec\theta\cos\theta) + (\csc^2\theta - 1)$

$1 + \cot^2\theta$

$\csc^2\theta$

336

$(((\sec^2\theta - 1) + (\sin^2\theta + \cos^2\theta)) - ((1 / \cos\theta)(\sin\theta / \tan\theta))) + (\csc\theta\sin\theta)$

$((\tan^2\theta + 1) - (\sec\theta\cos\theta)) + (\csc\theta\sin\theta)$

$(\sec^2\theta - 1) + (\csc\theta\sin\theta)$

$\tan^2\theta + 1$

$\sec^2\theta$

337

$(((\cot\theta\tan\theta) - (1 - \sin^2\theta)) + ((\cot\theta\tan\theta) - (1 - \cos^2\theta))) / (\sin\theta / \cos\theta)$

$((1 - \cos^2\theta) + (1 - \sin^2\theta)) / (\sin\theta / \cos\theta)$

$(\sin^2\theta + \cos^2\theta) / (\sin\theta / \cos\theta)$

$1 / \tan\theta$

$\cot\theta$

338

$(((\tan^2\theta + 1) - (\cot\theta\tan\theta)) + ((1 / \cos\theta)(\sin\theta / \tan\theta))) - (\sec^2\theta - 1)$

$((\sec^2\theta - 1) + (\sec\theta\cos\theta)) - (\sec^2\theta - 1)$

$(\tan^2\theta + 1) - (\sec^2\theta - 1)$

$\sec^2\theta - \tan^2\theta$

1

339

$(((\sec^2\theta - 1) + (\sec\theta\cos\theta)) - ((1 \ / \ \tan\theta)(\sin\theta \ / \cos\theta))) + (\sin^2\theta + \cos^2\theta)$

$((\tan^2\theta + 1) - (\cot\theta\tan\theta)) + (\sin^2\theta + \cos^2\theta)$

$(\sec^2\theta - 1) + (\sin^2\theta + \cos^2\theta)$

$\tan^2\theta + 1$

$\sec^2\theta$

340

$(((\tan^2\theta + 1) - (\sec^2\theta - 1)) + ((1 + \cot^2\theta) - (\csc\theta\sin\theta))) - (\csc\theta\sin\theta)$

$((\sec^2\theta - \tan^2\theta) + (\csc^2\theta - 1)) - (\csc\theta\sin\theta)$

$(1 + \cot^2\theta) - (\csc\theta\sin\theta)$

$\csc^2\theta - 1$

$\cot^2\theta$

341

$(((\tan^2\theta + 1) - (\csc^2\theta - \cot^2\theta)) + ((1 - \cos^2\theta) + (1 - \sin^2\theta))) - (\csc\theta\sin\theta)$

$((\sec^2\theta - 1) + (\sin^2\theta + \cos^2\theta)) - (\csc\theta\sin\theta)$

$(\tan^2\theta + 1) - (\csc\theta\sin\theta)$

$\sec^2\theta - 1$

$\tan^2\theta$

342

$(((\sec^2\theta - \tan^2\theta) / (\cos\theta\tan\theta))((\sin\theta / \tan\theta)(\sin\theta / \cos\theta))) / (\sin\theta / \tan\theta)$

$((1 / \sin\theta)(\cos\theta\tan\theta)) / (\sin\theta / \tan\theta)$

$(\csc\theta\sin\theta) / (\sin\theta / \tan\theta)$

$1 / \cos\theta$

$\sec\theta$

343

$(((\tan^2\theta + 1) - (\csc\theta\sin\theta)) + ((1 - \cos^2\theta) + (1 - \sin^2\theta))) - (\cot\theta\tan\theta)$

$((\sec^2\theta - 1) + (\sin^2\theta + \cos^2\theta)) - (\cot\theta\tan\theta)$

$(\tan^2\theta + 1) - (\cot\theta\tan\theta)$

$\sec^2\theta - 1$

$\tan^2\theta$

344

$(((\csc\theta\sin\theta) + (\csc^2\theta - 1)) - ((1 / \sin\theta)(\cos\theta\tan\theta))) - (1 + \cot^2\theta)$

$((1 + \cot^2\theta) - (\csc\theta\sin\theta)) - (1 + \cot^2\theta)$

$(\csc^2\theta - 1) - (1 + \cot^2\theta)$

$\csc^2\theta - \cot^2\theta$

-1

345

$(((\tan^2\theta + 1) - (\csc\theta\sin\theta)) + ((1 - \cos^2\theta) + (1 - \sin^2\theta))) - (\sec^2\theta - 1)$

$((\sec^2\theta - 1) + (\sin^2\theta + \cos^2\theta)) - (\sec^2\theta - 1)$

$(\tan^2\theta + 1) - (\sec^2\theta - 1)$

$\sec^2\theta - \tan^2\theta$

1

346

$(((\csc^2\theta - \cot^2\theta) - (1 - \sin^2\theta)) + ((\csc^2\theta - \cot^2\theta) - (1 - \cos^2\theta))) - (1 - \sin^2\theta)$

$((1 - \cos^2\theta) + (1 - \sin^2\theta)) - (1 - \sin^2\theta)$

$(\sin^2\theta + \cos^2\theta) - (1 - \sin^2\theta)$

$1 - \cos^2\theta$

$\sin^2\theta$

347

$(((1 \ / \ \tan\theta)(\sin\theta \ / \ \cos\theta)) - ((\sec^2\theta - \tan^2\theta) - (1 - \cos^2\theta))) + (1 - \sin^2\theta)$

$((\cot\theta\tan\theta) - (1 - \sin^2\theta)) + (1 - \sin^2\theta)$

$(1 - \cos^2\theta) + (1 - \sin^2\theta)$

$\sin^2\theta + \cos^2\theta$

1

348

$(((\sec^2\theta - \tan^2\theta) \; / \; (\sin\theta \; / \; \cos\theta))((\cos\theta\tan\theta) \; / \; (\sin\theta \; / \; \tan\theta))) + (\csc^2\theta - 1)$

$((1 \; / \; \tan\theta)(\sin\theta \; / \; \cos\theta)) + (\csc^2\theta - 1)$

$(\cot\theta\tan\theta) + (\csc^2\theta - 1)$

$1 + \cot^2\theta$

$\csc^2\theta$

349

$(((\sec\theta\cos\theta) - (1 - \sin^2\theta \;)) + ((\sec\theta\cos\theta) - (1 - \cos^2\theta))) \; / \; (\cos\theta\tan\theta)$

$((1 - \cos^2\theta) + (1 - \sin^2\theta \;)) \; / \; (\cos\theta\tan\theta)$

$(\sin^2\theta \; + \cos^2\theta) \; / \; (\cos\theta\tan\theta)$

$1 \; / \sin\theta$

$\csc\theta$

350

$(((\csc^2\theta - \cot^2\theta) \; / \; (\sin\theta \; / \; \cos\theta))((\cos\theta\tan\theta) \; / \; (\sin\theta \; / \; \tan\theta))) - (1 - \sin^2\theta \;)$

$((1 \; / \; \tan\theta)(\sin\theta \; / \; \cos\theta)) - (1 - \sin^2\theta \;)$

$(\cot\theta\tan\theta) - (1 - \sin^2\theta \;)$

$1 - \cos^2\theta$

$\sin^2\theta$

351

$(((\csc\theta\sin\theta) / (\cos\theta\tan\theta))((\sin\theta / \tan\theta)(\sin\theta / \cos\theta))) - (1 - \cos^2\theta)$

$((1 / \sin\theta)(\cos\theta\tan\theta)) - (1 - \cos^2\theta)$

$(\csc\theta\sin\theta) - (1 - \cos^2\theta)$

$1 - \sin^2\theta$

$\cos^2\theta$

352

$(((\csc\theta\sin\theta) / (\cos\theta\tan\theta))((\sin\theta / \tan\theta)(\sin\theta / \cos\theta))) / (\cos\theta\tan\theta)$

$((1 / \sin\theta)(\cos\theta\tan\theta)) / (\cos\theta\tan\theta)$

$(\csc\theta\sin\theta) / (\cos\theta\tan\theta)$

$1 / \sin\theta$

$\csc\theta$

353

$(((\sec^2\theta - 1) + (\sec\theta\cos\theta)) - ((\tan^2\theta + 1) - (\sec\theta\cos\theta))) - (1 - \sin^2\theta)$

$((\tan^2\theta + 1) - (\sec^2\theta - 1)) - (1 - \sin^2\theta)$

$(\sec^2\theta - \tan^2\theta) - (1 - \sin^2\theta)$

$1 - \cos^2\theta$

$\sin^2\theta$

354

$((sec^2\theta - 1)) + (sec\theta cos\theta)) - ((1 + cot^2\theta) - (csc^2\theta - 1))) + (csc^2\theta - cot^2\theta)$

$((tan^2\theta + 1) - (csc^2\theta - cot^2\theta)) + (csc^2\theta - cot^2\theta)$

$(sec^2\theta - 1) + (csc^2\theta - cot^2\theta)$

$tan^2\theta + 1$

$sec^2\theta$

355

$(((cot\theta tan\theta) + (csc^2\theta - 1)) - ((1 + cot^2\theta) - (cot\theta tan\theta))) / (sin\theta / tan\theta)$

$((1 + cot^2\theta) - (csc^2\theta - 1)) / (sin\theta / tan\theta)$

$(csc^2\theta - cot^2\theta) / (sin\theta / tan\theta)$

$1 / cos\theta$

$sec\theta$

356

$(((tan^2\theta + 1) - (sin^2\theta + cos^2\theta)) + ((1 / tan\theta)(sin\theta / cos\theta))) - (csc^2\theta - cot^2\theta)$

$((sec^2\theta - 1) + (cot\theta tan\theta)) - (csc^2\theta - cot^2\theta)$

$(tan^2\theta + 1) - (csc^2\theta - cot^2\theta)$

$sec^2\theta - 1$

$tan^2\theta$

357

$(((\csc^2\theta - \cot^2\theta) + (\csc^2\theta - 1)) - ((1 + \cot^2\theta) - (\csc^2\theta - \cot^2\theta))) + (\csc^2\theta - 1)$

$((1 + \cot^2\theta) - (\csc^2\theta - 1)) + (\csc^2\theta - 1)$

$(\csc^2\theta - \cot^2\theta) + (\csc^2\theta - 1)$

$1 + \cot^2\theta$

$\csc^2\theta$

358

$(((\sec^2\theta - 1) + (\sin^2\theta + \cos^2\theta)) - ((\tan^2\theta + 1) - (\sec^2\theta - 1))) + (\sin^2\theta + \cos^2\theta)$

$((\tan^2\theta + 1) - (\sec^2\theta - \tan^2\theta)) + (\sin^2\theta + \cos^2\theta)$

$(\sec^2\theta - 1) + (\sin^2\theta + \cos^2\theta)$

$\tan^2\theta + 1$

$\sec^2\theta$

359

$(((\sec^2\theta - 1) + (\csc\theta\sin\theta)) - ((\tan^2\theta + 1) - (\csc\theta\sin\theta))) / (\sin\theta / \cos\theta)$

$((\tan^2\theta + 1) - (\sec^2\theta - 1)) / (\sin\theta / \cos\theta)$

$(\sec^2\theta - \tan^2\theta) / (\sin\theta / \cos\theta)$

$1 / \tan\theta$

$\cot\theta$

360

$(((\csc^2\theta - \cot^2\theta) / (\cos\theta\tan\theta))((\sin\theta / \tan\theta)(\sin\theta / \cos\theta))) + (\csc^2\theta - 1)$

$((1 / \sin\theta)(\cos\theta\tan\theta)) + (\csc^2\theta - 1)$

$(\csc\theta\sin\theta) + (\csc^2\theta - 1)$

$1 + \cot^2\theta$

$\csc^2\theta$

361

$(((\sec^2\theta - 1) + (\cot\theta\tan\theta)) - ((\tan^2\theta + 1) - (\cot\theta\tan\theta))) + (\csc^2\theta - 1)$

$((\tan^2\theta + 1) - (\sec^2\theta - 1)) + (\csc^2\theta - 1)$

$(\sec^2\theta - \tan^2\theta) + (\csc^2\theta - 1)$

$1 + \cot^2\theta$

$\csc^2\theta$

362

$(((\sec^2\theta - \tan^2\theta) / (\sin\theta / \cos\theta))((\cos\theta\tan\theta) / (\sin\theta / \tan\theta))) / (\sin\theta / \cos\theta)$

$((1 / \tan\theta)(\sin\theta / \cos\theta)) / (\sin\theta / \cos\theta)$

$(\cot\theta\tan\theta) / (\sin\theta / \cos\theta)$

$1 / \tan\theta$

$\cot\theta$

363

$(((\sec\theta\cos\theta) + (\csc^2\theta - 1)) - ((\tan^2\theta + 1) - (\sec^2\theta - 1))) - (1 + \cot^2\theta)$

$((1 + \cot^2\theta) - (\sec^2\theta - \tan^2\theta)) - (1 + \cot^2\theta)$

$(\csc^2\theta - 1) - (1 + \cot^2\theta)$

$\csc^2\theta - \cot^2\theta$

-1

364

$(((\tan^2\theta + 1) - (\sec\theta\cos\theta)) + ((1 \ / \ \tan\theta)(\sin\theta / \cos\theta))) - (\csc^2\theta - \cot^2\theta)$

$((\sec^2\theta - 1) + (\cot\theta\tan\theta)) - (\csc^2\theta - \cot^2\theta)$

$(\tan^2\theta + 1) - (\csc^2\theta - \cot^2\theta)$

$\sec^2\theta - 1$

$\tan^2\theta$

365

$(((\tan^2\theta + 1) - (\sec^2\theta - \tan^2\theta)) + ((1 / \cos\theta)(\sin\theta / \tan\theta))) - (\sec\theta\cos\theta)$

$((\sec^2\theta - 1) + (\sec\theta\cos\theta)) - (\sec\theta\cos\theta)$

$(\tan^2\theta + 1) - (\sec\theta\cos\theta)$

$\sec^2\theta - 1$

$\tan^2\theta$

366

$(((\sec^2\theta - 1) + (\sec^2\theta - \tan^2\theta)) - ((1 \ / \ \tan\theta)(\sin\theta \ / \cos\theta))) + (\sec\theta\cos\theta)$

$((\tan^2\theta + 1) - (\cot\theta\tan\theta)) + (\sec\theta\cos\theta)$

$(\sec^2\theta - 1) + (\sec\theta\cos\theta)$

$\tan^2\theta + 1$

$\sec^2\theta$

367

$(((\csc\theta\sin\theta) + (\csc^2\theta - 1)) - ((1 + \cot^2\theta) - (\csc\theta\sin\theta))) + (\csc^2\theta - 1)$

$((1 + \cot^2\theta) - (\csc^2\theta - 1)) + (\csc^2\theta - 1)$

$(\csc^2\theta - \cot^2\theta) + (\csc^2\theta - 1)$

$1 + \cot^2\theta$

$\csc^2\theta$

368

$(((1 + \cot^2\theta) - (\csc^2\theta - 1)) + ((1 + \cot^2\theta) - (\cot\theta\tan\theta))) - (\csc^2\theta - \cot^2\theta)$

$((\csc^2\theta - \cot^2\theta) + (\csc^2\theta - 1)) - (\csc^2\theta - \cot^2\theta)$

$(1 + \cot^2\theta) - (\csc^2\theta - \cot^2\theta)$

$\csc^2\theta - 1$

$\cot^2\theta$

369

$(((\tan^2\theta + 1) - (\sec^2\theta - 1)) + ((1 + \cot^2\theta) - (\sin^2\theta + \cos^2\theta))) - (\csc^2\theta - \cot^2\theta)$

$((\sec^2\theta - \tan^2\theta) + (\csc^2\theta - 1)) - (\csc^2\theta - \cot^2\theta)$

$(1 + \cot^2\theta) - (\csc^2\theta - \cot^2\theta)$

$\csc^2\theta - 1$

$\cot^2\theta$

370

$(((\sin^2\theta + \cos^2\theta) / (\sin\theta / \tan\theta))((\cos\theta\tan\theta) / (\sin\theta / \cos\theta))) / (\sin\theta / \tan\theta)$

$((1 / \cos\theta)(\sin\theta / \tan\theta)) / (\sin\theta / \tan\theta)$

$(\sec\theta\cos\theta) / (\sin\theta / \tan\theta)$

$1 / \cos\theta$

$\sec\theta$

371

$(((\csc^2\theta - \cot^2\theta) + (\csc^2\theta - 1)) - ((1 - \cos^2\theta) + (1 - \sin^2\theta))) - (1 + \cot^2\theta)$

$((1 + \cot^2\theta) - (\sin^2\theta + \cos^2\theta)) - (1 + \cot^2\theta)$

$(\csc^2\theta - 1) - (1 + \cot^2\theta)$

$\csc^2\theta - \cot^2\theta$

-1

372

$(((\tan^2\theta + 1) - (\sec^2\theta - 1)) + ((1 + \cot^2\theta) - (\cot\theta\tan\theta))) - (\sec^2\theta - \tan^2\theta)$

$((\sec^2\theta - \tan^2\theta) + (\csc^2\theta - 1)) - (\sec^2\theta - \tan^2\theta)$

$(1 + \cot^2\theta) - (\sec^2\theta - \tan^2\theta)$

$\csc^2\theta - 1$

$\cot^2\theta$

373

$(((\cot\theta\tan\theta) / (\cos\theta\tan\theta))((\sin\theta / \tan\theta)(\sin\theta / \cos\theta))) + (\csc^2\theta - 1)$

$((1 / \sin\theta)(\cos\theta\tan\theta)) + (\csc^2\theta - 1)$

$(\csc\theta\sin\theta) + (\csc^2\theta - 1)$

$1 + \cot^2\theta$

$\csc^2\theta$

374

$(((1 + \cot^2\theta) - (\csc^2\theta - 1)) - ((\sec^2\theta - \tan^2\theta) - (1 - \cos^2\theta))) + (1 - \sin^2\theta\ )$

$((\csc^2\theta - \cot^2\theta) - (1 - \sin^2\theta\ )) + (1 - \sin^2\theta\ )$

$(1 - \cos^2\theta) + (1 - \sin^2\theta\ )$

$\sin^2\theta\ + \cos^2\theta$

1

375

$(((\sec^2\theta - 1) + (\sec^2\theta - \tan^2\theta)) - ((\tan^2\theta + 1) - (\sec^2\theta - \tan^2\theta))) + (\csc^2\theta - 1)$

$((\tan^2\theta + 1) - (\sec^2\theta - 1)) + (\csc^2\theta - 1)$

$(\sec^2\theta - \tan^2\theta) + (\csc^2\theta - 1)$

$1 + \cot^2\theta$

$\csc^2\theta$

376

$(((\csc^2\theta - \cot^2\theta) / (\sin\theta / \tan\theta))((\cos\theta\tan\theta) / (\sin\theta / \cos\theta))) / (\cos\theta\tan\theta)$

$((1 / \cos\theta)(\sin\theta / \tan\theta)) / (\cos\theta\tan\theta)$

$(\sec\theta\cos\theta) / (\cos\theta\tan\theta)$

$1 / \sin\theta$

$\csc\theta$

377

$(((\tan^2\theta + 1) - (\sec^2\theta - \tan^2\theta)) + ((\tan^2\theta + 1) - (\sec^2\theta - 1))) - (\csc\theta\sin\theta)$

$((\sec^2\theta - 1) + (\sec^2\theta - \tan^2\theta)) - (\csc\theta\sin\theta)$

$(\tan^2\theta + 1) - (\csc\theta\sin\theta)$

$\sec^2\theta - 1$

$\tan^2\theta$

378

$(((\sin^2\theta + \cos^2\theta) / (\sin\theta / \tan\theta))((\cos\theta\tan\theta) / (\sin\theta / \cos\theta))) + (\csc^2\theta - 1)$

$((1 / \cos\theta)(\sin\theta / \tan\theta)) + (\csc^2\theta - 1)$

$(\sec\theta\cos\theta) + (\csc^2\theta - 1)$

$1 + \cot^2\theta$

$\csc^2\theta$

379

$(((\csc\theta\sin\theta) + (\csc^2\theta - 1)) - ((1 + \cot^2\theta) - (\csc\theta\sin\theta))) / (\cos\theta\tan\theta)$

$((1 + \cot^2\theta) - (\csc^2\theta - 1)) / (\cos\theta\tan\theta)$

$(\csc^2\theta - \cot^2\theta) / (\cos\theta\tan\theta)$

$1 / \sin\theta$

$\csc\theta$

380

$(((1 + \cot^2\theta) - (\csc^2\theta - 1)) + ((1 + \cot^2\theta) - (\sin^2\theta + \cos^2\theta))) - (\sec\theta\cos\theta)$

$((\csc^2\theta - \cot^2\theta) + (\csc^2\theta - 1)) - (\sec\theta\cos\theta)$

$(1 + \cot^2\theta) - (\sec\theta\cos\theta)$

$\csc^2\theta - 1$

$\cot^2\theta$

381

$(((sec^2\theta - tan^2\theta) + (csc^2\theta - 1)) - ((1 + cot^2\theta) - (sec^2\theta - tan^2\theta))) - (1 - sin^2\theta\,)$

$((1 + cot^2\theta) - (csc^2\theta - 1)) - (1 - sin^2\theta\,)$

$(csc^2\theta - cot^2\theta) - (1 - sin^2\theta\,)$

$1 - cos^2\theta$

$sin^2\theta$

382

$(((tan^2\theta + 1) - (csc\theta sin\theta)) + ((1 \ / \ tan\theta)(sin\theta\ /\ cos\theta))) - (sec^2\theta - 1)$

$((sec^2\theta - 1) + (cot\theta tan\theta)) - (sec^2\theta - 1)$

$(tan^2\theta + 1) - (sec^2\theta - 1)$

$sec^2\theta - tan^2\theta$

1

383

$(((csc\theta sin\theta)\ /\ (sin\theta\ /\ tan\theta))((cos\theta tan\theta)\ /\ (sin\theta\ /\ cos\theta)))\ /\ (cos\theta tan\theta)$

$((1\ /\ cos\theta)(sin\theta\ /\ tan\theta))\ /\ (cos\theta tan\theta)$

$(sec\theta cos\theta)\ /\ (cos\theta tan\theta)$

$1\ /\ sin\theta$

$csc\theta$

384

$(((\sec^2\theta - 1) + (\csc\theta\sin\theta)) - ((\tan^2\theta + 1) - (\sec^2\theta - 1))) + (\sec^2\theta - \tan^2\theta)$

$((\tan^2\theta + 1) - (\sec^2\theta - \tan^2\theta)) + (\sec^2\theta - \tan^2\theta)$

$(\sec^2\theta - 1) + (\sec^2\theta - \tan^2\theta)$

$\tan^2\theta + 1$

$\sec^2\theta$

385

$(((1 - \cos^2\theta) + (1 - \sin^2\theta)) - ((\cot\theta\tan\theta) - (1 - \cos^2\theta))) + (1 - \sin^2\theta)$

$((\sin^2\theta + \cos^2\theta) - (1 - \sin^2\theta)) + (1 - \sin^2\theta)$

$(1 - \cos^2\theta) + (1 - \sin^2\theta)$

$\sin^2\theta + \cos^2\theta$

1

386

$(((1 + \cot^2\theta) - (\csc^2\theta - 1)) - ((\csc\theta\sin\theta) - (1 - \cos^2\theta))) + (1 - \sin^2\theta)$

$((\csc^2\theta - \cot^2\theta) - (1 - \sin^2\theta)) + (1 - \sin^2\theta)$

$(1 - \cos^2\theta) + (1 - \sin^2\theta)$

$\sin^2\theta + \cos^2\theta$

1

387

$(((csc^2\theta - cot^2\theta) \ / \ (sin\theta \ / \ cos\theta))((cos\theta tan\theta) \ / \ (sin\theta \ / \ tan\theta))) \ / \ (sin\theta \ / \ cos\theta)$

$((1 \ / \ tan\theta)(sin\theta \ / \ cos\theta)) \ / \ (sin\theta \ / \ cos\theta)$

$(cot\theta tan\theta) \ / \ (sin\theta \ / \ cos\theta)$

$1 \ / \ tan\theta$

$cot\theta$

388

$(((csc^2\theta - cot^2\theta) \ / \ (cos\theta tan\theta))((sin\theta \ / \ tan\theta)(sin\theta \ / \ cos\theta))) \ / \ (cos\theta tan\theta)$

$((1 \ / \ sin\theta)(cos\theta tan\theta)) \ / \ (cos\theta tan\theta)$

$(csc\theta sin\theta) \ / \ (cos\theta tan\theta)$

$1 \ / \ sin\theta$

$csc\theta$

389

$(((sin^2\theta \ + cos^2\theta) + (csc^2\theta - 1)) - ((1 + cot^2\theta) - (csc^2\theta - 1))) - (1 + cot^2\theta)$

$((1 + cot^2\theta) - (csc^2\theta - cot^2\theta)) - (1 + cot^2\theta)$

$(csc^2\theta - 1) - (1 + cot^2\theta)$

$csc^2\theta - cot^2\theta$

-1

390

$(((\tan^2\theta + 1) - (\sec^2\theta - 1)) - ((\sec^2\theta - \tan^2\theta) - (1 - \cos^2\theta))) + (1 - \sin^2\theta)$

$((\sec^2\theta - \tan^2\theta) - ((1 - \sin^2\theta)) + (1 - \sin^2\theta)$

$(1 - \cos^2\theta) + (1 - \sin^2\theta)$

$\sin^2\theta + \cos^2\theta$

1

391

$(((\tan^2\theta + 1) - (\sec\theta\cos\theta)) + ((1 - \cos^2\theta) + (1 - \sin^2\theta))) - (\sec^2\theta - 1)$

$((\sec^2\theta - 1) + ((\sin^2\theta + \cos^2\theta)) - (\sec^2\theta - 1)$

$(\tan^2\theta + 1) - (\sec^2\theta - 1)$

$\sec^2\theta - \tan^2\theta$

1

392

$(((1 + \cot^2\theta) - (\csc^2\theta - 1)) + ((1 + \cot^2\theta) - (\sec\theta\cos\theta))) - (\sec^2\theta - \tan^2\theta)$

$((\csc^2\theta - \cot^2\theta) + (\csc^2\theta - 1)) - (\sec^2\theta - \tan^2\theta)$

$(1 + \cot^2\theta) - (\sec^2\theta - \tan^2\theta)$

$\csc^2\theta - 1$

$\cot^2\theta$

393

$((\tan^2\theta + 1) - (\csc\theta\sin\theta)) + ((1/\cos\theta)(\sin\theta/\tan\theta))) - (\sec^2\theta - 1)$

$((\sec^2\theta - 1) + (\sec\theta\cos\theta)) - (\sec^2\theta - 1)$

$(\tan^2\theta + 1) - (\sec^2\theta - 1)$

$\sec^2\theta - \tan^2\theta$

1

394

$(((\cot\theta\tan\theta)/(\cos\theta\tan\theta))(\sin\theta/\tan\theta)(\sin\theta/\cos\theta))) - (1 - \sin^2\theta)$

$((1/\sin\theta)(\cos\theta\tan\theta)) - (1 - \sin^2\theta)$

$(\csc\theta\sin\theta) - (1 - \sin^2\theta)$

$1 - \cos^2\theta$

$\sin^2\theta$

395

$(((\tan^2\theta + 1) - \sec^2\theta - \tan^2\theta)) + ((1 + \cot^2\theta) - (\csc^2\theta - 1))) - (\sin^2\theta + \cos^2\theta)$

$((\sec^2\theta - 1) + (\csc^2\theta - \cot^2\theta)) - (\sin^2\theta + \cos^2\theta)$

$(\tan^2\theta + 1) - (\sin^2\theta + \cos^2\theta)$

$\sec^2\theta - 1$

$\tan^2\theta$

396

$(((\tan^2\theta + 1) - (\cot\theta\tan\theta)) + ((1 / \cos\theta)(\sin\theta / \tan\theta))) - (\sec\theta\cos\theta)$

$((\sec^2\theta - 1) + (\sec\theta\cos\theta)) - (\sec\theta\cos\theta)$

$(\tan^2\theta + 1) - (\sec\theta\cos\theta)$

$\sec^2\theta - 1$

$\tan^2\theta$

397

$(((\sin^2\theta + \cos^2\theta) - (1 - \sin^2\theta)) + ((\sin^2\theta + \cos^2\theta) - (1 - \cos^2\theta))) - (1 - \cos^2\theta)$

$((1 - \cos^2\theta) + (1 - \sin^2\theta)) - (1 - \cos^2\theta)$

$(\sin^2\theta + \cos^2\theta) - (1 - \cos^2\theta)$

$1 - \sin^2\theta$

$\cos^2\theta$

398

$(((\sec\theta\cos\theta) / (\sin\theta / \cos\theta))((\cos\theta\tan\theta) / (\sin\theta / \tan\theta))) - (1 - \cos^2\theta)$

$((1 / \tan\theta)(\sin\theta / \cos\theta)) - (1 - \cos^2\theta)$

$(\cot\theta\tan\theta) - (1 - \cos^2\theta)$

$1 - \sin^2\theta$

$\cos^2\theta$

399

$((\tan^2\theta + 1) - (\csc^2\theta - \cot^2\theta)) + ((1 / \cos\theta)(\sin\theta / \tan\theta)) - (\cot\theta\tan\theta)$

$((\sec^2\theta - 1) + (\sec\theta\cos\theta)) - (\cot\theta\tan\theta)$

$(\tan^2\theta + 1) - (\cot\theta\tan\theta)$

$\sec^2\theta - 1$

$\tan^2\theta$

400

$((\tan^2\theta + 1) - (\csc\theta\sin\theta)) + ((1 - \cos^2\theta) + (1 - \sin^2\theta)) - (\sec^2\theta - \tan^2\theta)$

$((\sec^2\theta - 1) + (\sin^2\theta + \cos^2\theta)) - (\sec^2\theta - \tan^2\theta)$

$(\tan^2\theta + 1) - (\sec^2\theta - \tan^2\theta)$

$\sec^2\theta - 1$

$\tan^2\theta$

401

$((\sec^2\theta - 1) + (\csc\theta\sin\theta)) - ((1 / \tan\theta)(\sin\theta / \cos\theta)) + (\cot\theta\tan\theta)$

$((\tan^2\theta + 1) - (\cot\theta\tan\theta)) + (\cot\theta\tan\theta)$

$(\sec^2\theta - 1) + (\cot\theta\tan\theta)$

$\tan^2\theta + 1$

$\sec^2\theta$

402

$(((\sin^2\theta + \cos^2\theta) / (\sin\theta / \cos\theta))(\cos\theta\tan\theta) / (\sin\theta / \tan\theta))) + (\csc^2\theta - 1)$

$((1 / \tan\theta)(\sin\theta / \cos\theta)) + (\csc^2\theta - 1)$

$(\cot\theta\tan\theta) + (\csc^2\theta - 1)$

$1 + \cot^2\theta$

$\csc^2\theta$

403

$(((\tan^2\theta + 1) - (\cot\theta\tan\theta)) + ((\tan^2\theta + 1) - (\sec^2\theta - 1))) - (\sec^2\theta - \tan^2\theta)$

$((\sec^2\theta - 1) + (\sec^2\theta - \tan^2\theta)) - (\sec^2\theta - \tan^2\theta)$

$(\tan^2\theta + 1) - (\sec^2\theta - \tan^2\theta)$

$\sec^2\theta - 1$

$\tan^2\theta$

404

$(((\tan^2\theta + 1) - (\cot\theta\tan\theta)) + ((1 / \tan\theta)(\sin\theta / \cos\theta))) - (\cot\theta\tan\theta)$

$((\sec^2\theta - 1) + (\cot\theta\tan\theta)) - (\cot\theta\tan\theta)$

$(\tan^2\theta + 1) - (\cot\theta\tan\theta)$

$\sec^2\theta - 1$

$\tan^2\theta$

405

$(((\sec^2\theta - 1) + (\sin^2\theta + \cos^2\theta)) - ((1 / \cos\theta)(\sin\theta / \tan\theta))) + (\sec^2\theta - \tan^2\theta)$

$((\tan^2\theta + 1) - (\sec\theta\cos\theta)) + (\sec^2\theta - \tan^2\theta)$

$(\sec^2\theta - 1) + (\sec^2\theta - \tan^2\theta)$

$\tan^2\theta + 1$

$\sec^2\theta$

406

$(((1 / \tan\theta)(\sin\theta / \cos\theta)) - ((\sin^2\theta + \cos^2\theta) - (1 - \cos^2\theta))) + (1 - \sin^2\theta)$

$((\cot\theta\tan\theta) - (1 - \sin^2\theta)) + (1 - \sin^2\theta)$

$(1 - \cos^2\theta) + (1 - \sin^2\theta)$

$\sin^2\theta + \cos^2\theta$

1

407

$(((\sec\theta\cos\theta) + (\csc^2\theta - 1)) - ((1 / \sin\theta)(\cos\theta\tan\theta))) - (1 + \cot^2\theta)$

$((1 + \cot^2\theta) - (\csc\theta\sin\theta)) - (1 + \cot^2\theta)$

$(\csc^2\theta - 1) - (1 + \cot^2\theta)$

$\csc^2\theta - \cot^2\theta$

-1

408

$(((1 - \cos^2\theta) + (1 - \sin^2\theta)) + ((1 + \cot^2\theta) - (\sin^2\theta + \cos^2\theta))) - (\cot\theta\tan\theta)$

$((\sin^2\theta + \cos^2\theta) + (\csc^2\theta - 1)) - (\cot\theta\tan\theta)$

$(1 + \cot^2\theta) - (\cot\theta\tan\theta)$

$\csc^2\theta - 1$

$\cot^2\theta$

409

$((((\cot\theta\tan\theta) / (\sin\theta / \cos\theta))((\cos\theta\tan\theta) / (\sin\theta / \tan\theta))) / (\cos\theta\tan\theta)$

$((1 / \tan\theta)(\sin\theta / \cos\theta)) / (\cos\theta\tan\theta)$

$(\cot\theta\tan\theta) / (\cos\theta\tan\theta)$

$1 / \sin\theta$

$\csc\theta$

410

$(((\tan^2\theta + 1) - (\sec^2\theta - 1)) + ((1 + \cot^2\theta) - (\sec\theta\cos\theta))) - (\cot\theta\tan\theta)$

$((\sec^2\theta - \tan^2\theta) + (\csc^2\theta - 1)) - (\cot\theta\tan\theta)$

$(1 + \cot^2\theta) - (\cot\theta\tan\theta)$

$\csc^2\theta - 1$

$\cot^2\theta$

411

$(((\csc\theta\sin\theta) \; / \; (\sin\theta / \cos\theta))((\cos\theta\tan\theta) / (\sin\theta / \tan\theta))) / (\sin\theta / \tan\theta)$

$((1 \; / \; \tan\theta)(\sin\theta / \cos\theta)) / (\sin\theta / \tan\theta)$

$(\cot\theta\tan\theta) / (\sin\theta / \tan\theta)$

$1 / \cos\theta$

$\sec\theta$

412

$(((1 \; / \; \tan\theta)(\sin\theta / \cos\theta)) + ((1 + \cot^2\theta) - (\sec\theta\cos\theta))) - (\csc^2\theta - \cot^2\theta)$

$((\cot\theta\tan\theta) + (\csc^2\theta - 1)) - (\csc^2\theta - \cot^2\theta)$

$(1 + \cot^2\theta) - (\csc^2\theta - \cot^2\theta)$

$\csc^2\theta - 1$

$\cot^2\theta$

413

$(((\csc^2\theta - \cot^2\theta) \; / \; (\sin\theta / \cos\theta))((\cos\theta\tan\theta) / (\sin\theta / \tan\theta))) + (\csc^2\theta - 1)$

$((1 \; / \; \tan\theta)(\sin\theta / \cos\theta)) + (\csc^2\theta - 1)$

$(\cot\theta\tan\theta) + (\csc^2\theta - 1)$

$1 + \cot^2\theta$

$\csc^2\theta$

414

$(((\tan^2\theta + 1) - (\sec^2\theta - 1)) + ((1 + \cot^2\theta) - (\csc\theta\sin\theta))) - (\sec\theta\cos\theta)$

$((\sec^2\theta - \tan^2\theta) + (\csc^2\theta - 1)) - (\sec\theta\cos\theta)$

$(1 + \cot^2\theta) - (\sec\theta\cos\theta)$

$\csc^2\theta - 1$

$\cot^2\theta$

415

$(((\sec^2\theta - 1) + (\cot\theta\tan\theta)) - ((\tan^2\theta + 1) - (\sec^2\theta - 1))) + (\csc^2\theta - \cot^2\theta)$

$((\tan^2\theta + 1) - (\sec^2\theta - \tan^2\theta)) + (\csc^2\theta - \cot^2\theta)$

$(\sec^2\theta - 1) + (\csc^2\theta - \cot^2\theta)$

$\tan^2\theta + 1$

$\sec^2\theta$

416

$(((1 / \sin\theta)(\cos\theta\tan\theta)) + ((1 + \cot^2\theta) - (\sec\theta\cos\theta))) - (\sec^2\theta - \tan^2\theta)$

$((\csc\theta\sin\theta) + (\csc^2\theta - 1)) - (\sec^2\theta - \tan^2\theta)$

$(1 + \cot^2\theta) - (\sec^2\theta - \tan^2\theta)$

$\csc^2\theta - 1$

$\cot^2\theta$

417

$(((\tan^2\theta + 1) - (\sin^2\theta + \cos^2\theta)) + ((1 - \cos^2\theta) + (1 - \sin^2\theta))) - (\csc^2\theta - \cot^2\theta)$

$((\sec^2\theta - 1) + (\sin^2\theta + \cos^2\theta)) - (\csc^2\theta - \cot^2\theta)$

$(\tan^2\theta + 1) - (\csc^2\theta - \cot^2\theta)$

$\sec^2\theta - 1$

$\tan^2\theta$

418

$(((\sec\theta\cos\theta) - (1 - \sin^2\theta)) + ((\sec\theta\cos\theta) - (1 - \cos^2\theta))) - (1 - \sin^2\theta)$

$((1 - \cos^2\theta) + (1 - \sin^2\theta)) - (1 - \sin^2\theta)$

$(\sin^2\theta + \cos^2\theta) - (1 - \sin^2\theta)$

$1 - \cos^2\theta$

$\sin^2\theta$

419

$(((\tan^2\theta + 1) - (\sec\theta\cos\theta)) + ((1 / \tan\theta)(\sin\theta / \cos\theta))) - (\sec\theta\cos\theta)$

$((\sec^2\theta - 1) + (\cot\theta\tan\theta)) - (\sec\theta\cos\theta)$

$(\tan^2\theta + 1) - (\sec\theta\cos\theta)$

$\sec^2\theta - 1$

$\tan^2\theta$

420

(((sec²θ - tan²θ) / (sinθ / cosθ))(cosθtanθ) / (sinθ / tanθ))) - (1 - cos²θ)

((1 / tanθ)(sinθ / cosθ)) - (1 - cos²θ)

(cotθtanθ) - (1 - cos²θ)

1 - sin²θ

cos²θ

421

(((tan²θ + 1) - (csc²θ - cot²θ)) + ((1 / tanθ)(sinθ / cosθ))) - (sec²θ - tan²θ)

((sec²θ - 1) + (cotθtanθ)) - (sec²θ - tan²θ)

(tan²θ + 1) - (sec²θ - tan²θ)

sec²θ - 1

tan²θ

422

(((secθcosθ) + (csc²θ - 1)) - ((1 + cot²θ) - (secθcosθ))) / (sinθ / cosθ)

((1 + cot²θ) - (csc²θ - 1)) / (sinθ / cosθ)

(csc²θ - cot²θ) / (sinθ / cosθ)

1 / tanθ

cotθ

423
$(((1 + \cot^2\theta) - (\csc^2\theta - 1)) + ((1 + \cot^2\theta) - (\sec\theta\cos\theta))) - (\sin^2\theta + \cos^2\theta)$
$((\csc^2\theta - \cot^2\theta) + (\csc^2\theta - 1)) - (\sin^2\theta + \cos^2\theta)$
$(1 + \cot^2\theta) - (\sin^2\theta + \cos^2\theta)$
$\csc^2\theta - 1$
$\cot^2\theta$

424
$(((\csc^2\theta - \cot^2\theta) / (\sin\theta / \cos\theta))((\cos\theta\tan\theta) / (\sin\theta / \tan\theta))) - (1 - \cos^2\theta)$
$((1 / \tan\theta)(\sin\theta / \cos\theta)) - (1 - \cos^2\theta)$
$(\cot\theta\tan\theta) - (1 - \cos^2\theta)$
$1 - \sin^2\theta$
$\cos^2\theta$

425
$(((\tan^2\theta + 1) - (\sec^2\theta - 1)) - ((\csc^2\theta - \cot^2\theta) - (1 - \cos^2\theta))) + (1 - \sin^2\theta)$
$((\sec^2\theta - \tan^2\theta) - (1 - \sin^2\theta)) + (1 - \sin^2\theta)$
$(1 - \cos^2\theta) + (1 - \sin^2\theta)$
$\sin^2\theta + \cos^2\theta$
1

426

$(((\tan^2\theta + 1) - (\csc^2\theta - \cot^2\theta)) + ((1 / \tan\theta)(\sin\theta / \cos\theta))) - (\sec^2\theta - 1)$

$((\sec^2\theta - 1) + (\cot\theta\tan\theta)) - (\sec^2\theta - 1)$

$(\tan^2\theta + 1) - (\sec^2\theta - 1)$

$\sec^2\theta - \tan^2\theta$

1

427

$(((\csc\theta\sin\theta) - (1 - \sin^2\theta)) + ((\csc\theta\sin\theta) - (1 - \cos^2\theta))) - (1 - \sin^2\theta)$

$((1 - \cos^2\theta) + (1 - \sin^2\theta)) - (1 - \sin^2\theta)$

$(\sin^2\theta + \cos^2\theta) - (1 - \sin^2\theta)$

$1 - \cos^2\theta$

$\sin^2\theta$

428

$(((\cot\theta\tan\theta) / (\sin\theta / \cos\theta))((\cos\theta\sin\theta) / (\sin\theta / \tan\theta))) - (1 - \cos^2\theta)$

$((1 / \tan\theta)(\sin\theta / \cos\theta)) - (1 - \cos^2\theta)$

$(\cot\theta\tan\theta) - (1 - \cos^2\theta)$

$1 - \sin^2\theta$

$\cos^2\theta$

429

$(((\tan^2\theta + 1) - (\sec\theta\cos\theta)) + ((1 / \cos\theta)(\sin\theta / \tan\theta))) - (\sec^2\theta - 1)$

$((\sec^2\theta - 1) + (\sec\theta\cos\theta)) - (\sec^2\theta - 1)$

$(\tan^2\theta + 1) - (\sec^2\theta - 1)$

$\sec^2\theta - \tan^2\theta$

1

430

$(((\sec^2\theta - 1) + (\sec\theta\cos\theta)) - ((1 / \cos\theta)(\sin\theta / \tan\theta))) + (\sin^2\theta + \cos^2\theta)$

$((\tan^2\theta + 1) - (\sec\theta\cos\theta)) + (\sin^2\theta + \cos^2\theta)$

$(\sec^2\theta - 1) + (\sin^2\theta + \cos^2\theta)$

$\tan^2\theta + 1$

$\sec^2\theta$

431

$(((\cot\theta\tan\theta) + (\csc^2\theta - 1)) - ((1 + \cot^2\theta) - (\cot\theta\tan\theta))) - (1 - \sin^2\theta)$

$((1 + \cot^2\theta) - (\csc^2\theta - 1)) - (1 - \sin^2\theta)$

$(\csc^2\theta - \cot^2\theta) - (1 - \sin^2\theta)$

$1 - \cos^2\theta$

$\sin^2\theta$

432

$(((csc^2\theta - cot^2\theta) / (cos\theta tan\theta))((sin\theta / tan\theta)(sin\theta / cos\theta))) - (1 - cos^2\theta)$

$((1 / sin\theta)(cos\theta tan\theta)) - (1 - cos^2\theta)$

$(csc\theta sin\theta) - (1 - cos^2\theta)$

$1 - sin^2\theta$

$cos^2\theta$

433

$(((cot\theta tan\theta) / (sin\theta / cos\theta))((cos\theta tan\theta) / (sin\theta / tan\theta))) - (1 - sin^2\theta)$

$((1 / tan\theta)(sin\theta / cos\theta)) - (1 - sin^2\theta)$

$(cot\theta tan\theta) - (1 - sin^2\theta)$

$1 - cos^2\theta$

$sin^2\theta$

434

$(((sec^2\theta - 1) + (sec\theta cos\theta)) - ((1 + cot^2\theta) - (csc^2\theta - 1))) + (sec^2\theta - tan^2\theta)$

$((tan^2\theta + 1) - (csc^2\theta - cot^2\theta)) + (sec^2\theta - tan^2\theta)$

$(sec^2\theta - 1) + (sec^2\theta - tan^2\theta)$

$tan^2\theta + 1$

$sec^2\theta$

435

$(((sec^2θ - tan^2θ) / (sinθ / tanθ))((cosθtanθ) / (sinθ / cosθ))) + (csc^2θ - 1)$

$((1 / cosθ)(sinθ / tanθ)) + (csc^2θ - 1)$

$(secθcosθ) + (csc^2θ - 1)$

$1 + cot^2θ$

$csc^2θ$

436

$(((tan^2θ + 1) - (csc^2θ - cot^2θ)) + ((1 + cot^2θ) - (csc^2θ - 1))) - (sec^2θ - tan^2θ)$

$((sec^2θ - 1) + (csc^2θ - cot^2θ)) - (sec^2θ - tan^2θ)$

$(tan^2θ + 1) - (sec^2θ - tan^2θ)$

$sec^2θ - 1$

$tan^2θ$

437

$(((csc^2θ - cot^2θ) + (csc^2θ - 1)) - ((1 + cot^2θ) - (csc^2θ - 1))) - (1 + cot^2θ)$

$((1 + cot^2θ) - (csc^2θ - cot^2θ)) - (1 + cot^2θ)$

$(csc^2θ - 1) - (1 + cot^2θ)$

$csc^2θ - cot^2θ$

-1

438

$(((1 - \cos^2\theta) + (1 - \sin^2\theta)) + ((1 + \cot^2\theta) - (\sin^2\theta + \cos^2\theta))) - (\sec^2\theta - \tan^2\theta)$

$((\sin^2\theta + \cos^2\theta) + (\csc^2\theta - 1)) - (\sec^2\theta - \tan^2\theta)$

$(1 + \cot^2\theta) - (\sec^2\theta - \tan^2\theta)$

$\csc^2\theta - 1$

$\cot^2\theta$

439

$(((\tan^2\theta + 1) - (\csc\theta\sin\theta)) + ((1 + \cot^2\theta) - (\csc^2\theta - 1))) - (\sec^2\theta - 1)$

$((\sec^2\theta - 1) + (\csc^2\theta - \cot^2\theta)) - (\sec^2\theta - 1)$

$(\tan^2\theta + 1) - (\sec^2\theta - 1)$

$\sec^2\theta - \tan^2\theta$

1

440

$(((\sec\theta\cos\theta) \ / \ (\sin\theta \ / \ \cos\theta))((\cos\theta\tan\theta) \ / \ (\sin\theta \ / \ \tan\theta))) - (1 - \sin^2\theta)$

$((1 \ / \ \tan\theta)(\sin\theta \ / \ \cos\theta)) - (1 - \sin^2\theta)$

$(\cot\theta\tan\theta) - (1 - \sin^2\theta)$

$1 - \cos^2\theta$

$\sin^2\theta$

441

$(((1 + \cot^2\theta) - (\csc^2\theta - 1)) + ((1 + \cot^2\theta) - (\sec^2\theta - \tan^2\theta))) - (\sin^2\theta + \cos^2\theta)$

$((\csc^2\theta - \cot^2\theta) + (\csc^2\theta - 1)) - (\sin^2\theta + \cos^2\theta)$

$(1 + \cot^2\theta) - (\sin^2\theta + \cos^2\theta)$

$\csc^2\theta - 1$

$\cot^2\theta$

442

$(((\tan^2\theta + 1) - (\sec\theta\cos\theta)) + ((\tan^2\theta + 1) - (\sec^2\theta - 1))) - (\sec\theta\cos\theta)$

$((\sec^2\theta - 1) + (\sec^2\theta - \tan^2\theta)) - (\sec\theta\cos\theta)$

$(\tan^2\theta + 1) - (\sec\theta\cos\theta)$

$\sec^2\theta - 1$

$\tan^2\theta$

443

$(((\tan^2\theta + 1) - (\sec^2\theta - \tan^2\theta)) + ((1 + \cot^2\theta) - (\csc^2\theta - 1))) - (\sec^2\theta - 1)$

$((\sec^2\theta - 1) + (\csc^2\theta - \cot^2\theta)) - (\sec^2\theta - 1)$

$(\tan^2\theta + 1) - (\sec^2\theta - 1)$

$\sec^2\theta - \tan^2\theta$

1

444

$(((\sec^2\theta - 1) + (\csc\theta\sin\theta)) - ((1 \ / \ \tan\theta)(\sin\theta / \cos\theta))) + (\sec\theta\cos\theta)$

$((\tan^2\theta + 1) - (\cot\theta\tan\theta)) + (\sec\theta\cos\theta)$

$(\sec^2\theta - 1) + (\sec\theta\cos\theta)$

$\tan^2\theta + 1$

$\sec^2\theta$

445

$(((\sin^2\theta + \cos^2\theta) \ / \ (\sin\theta / \cos\theta))((\cos\theta\tan\theta) / (\sin\theta / \tan\theta))) - (1 - \sin^2\theta)$

$((1 \ / \ \tan\theta)(\sin\theta / \cos\theta)) - (1 - \sin^2\theta)$

$(\cot\theta\tan\theta) - (1 - \sin^2\theta)$

$1 - \cos^2\theta$

$\sin^2\theta$

446

$(((\cot\theta\tan\theta) - (1 - \sin^2\theta)) + ((\cot\theta\tan\theta) - (1 - \cos^2\theta))) + (\csc^2\theta - 1)$

$((1 - \cos^2\theta) + (1 - \sin^2\theta)) + (\csc^2\theta - 1)$

$(\sin^2\theta + \cos^2\theta) + (\csc^2\theta - 1)$

$1 + \cot^2\theta$

$\csc^2\theta$

447

$(((1 / \sin\theta)(\cos\theta\tan\theta)) + ((1 + \cot^2\theta) - (\csc\theta\sin\theta))) - (\sin^2\theta + \cos^2\theta)$

$((\csc\theta\sin\theta) + (\csc^2\theta - 1)) - (\sin^2\theta + \cos^2\theta)$

$(1 + \cot^2\theta) - (\sin^2\theta + \cos^2\theta)$

$\csc^2\theta - 1$

$\cot^2\theta$

448

$(((\sin^2\theta + \cos^2\theta) / (\sin\theta / \cos\theta))((\cos\theta\tan\theta) / (\sin\theta / \tan\theta))) - (1 - \cos^2\theta)$

$((1 / \tan\theta)(\sin\theta / \cos\theta)) - (1 - \cos^2\theta)$

$(\cot\theta\tan\theta) - (1 - \cos^2\theta)$

$1 - \sin^2\theta$

$\cos^2\theta$

449

$(((\cot\theta\tan\theta) + (\csc^2\theta - 1)) - ((1 + \cot^2\theta) - (\csc^2\theta - 1))) - (1 + \cot^2\theta)$

$((1 + \cot^2\theta) - (\csc^2\theta - \cot^2\theta)) - (1 + \cot^2\theta)$

$(\csc^2\theta - 1) - (1 + \cot^2\theta)$

$\csc^2\theta - \cot^2\theta$

-1

450

$(((csc\theta sin\theta) + (csc^2\theta - 1)) - ((1 + cot^2\theta) - (csc\theta sin\theta))) - (1 - sin^2\theta)$

$((1 + cot^2\theta) - (csc^2\theta - 1)) - (1 - sin^2\theta)$

$(csc^2\theta - cot^2\theta) - (1 - sin^2\theta)$

$1 - cos^2\theta$

$sin^2\theta$

451

$(((sin^2\theta + cos^2\theta) - (1 - sin^2\theta)) + ((sin^2\theta + cos^2\theta) - (1 - cos^2\theta))) + (csc^2\theta - 1)$

$((1 - cos^2\theta) + (1 - sin^2\theta)) + (csc^2\theta - 1)$

$(sin^2\theta + cos^2\theta) + (csc^2\theta - 1)$

$1 + cot^2\theta$

$csc^2\theta$

452

$(((sec^2\theta - 1) + (csc^2\theta - cot^2\theta)) - ((tan^2\theta + 1) - (csc^2\theta - cot^2\theta))) / (cos\theta tan\theta)$

$((tan^2\theta + 1) - (sec^2\theta - 1)) / (cos\theta tan\theta)$

$(sec^2\theta - tan^2\theta) / (cos\theta tan\theta)$

$1 / sin\theta$

$csc\theta$

453

$((\cot\theta\tan\theta) + (\csc^2\theta - 1)) - ((1 / \tan\theta)(\sin\theta / \cos\theta)) - (1 + \cot^2\theta)$

$((1 + \cot^2\theta) - (\cot\theta\tan\theta)) - (1 + \cot^2\theta)$

$(\csc^2\theta - 1) - (1 + \cot^2\theta)$

$\csc^2\theta - \cot^2\theta$

-1

454

$(((\csc^2\theta - \cot^2\theta) / (\cos\theta\tan\theta))((\sin\theta / \tan\theta)(\sin\theta / \cos\theta))) - (1 - \sin^2\theta)$

$((1 / \sin\theta)(\cos\theta\tan\theta)) - (1 - \sin^2\theta)$

$(\csc\theta\sin\theta) - (1 - \sin^2\theta)$

$1 - \cos^2\theta$

$\sin^2\theta$

455

$(((\tan^2\theta + 1) - (\sec\theta\cos\theta)) + ((1 / \sin\theta)(\cos\theta\tan\theta))) - (\sec^2\theta - 1)$

$((\sec^2\theta - 1) + (\csc\theta\sin\theta)) - (\sec^2\theta - 1)$

$(\tan^2\theta + 1) - (\sec^2\theta - 1)$

$\sec^2\theta - \tan^2\theta$

1

456

$(((1 - \cos^2\theta) + (1 - \sin^2\theta)) + ((1 + \cot^2\theta) - (\csc^2\theta - \cot^2\theta))) - (\sec^2\theta - \tan^2\theta)$

$((\sin^2\theta + \cos^2\theta) + (\csc^2\theta - 1)) - (\sec^2\theta - \tan^2\theta)$

$(1 + \cot^2\theta) - (\sec^2\theta - \tan^2\theta)$

$\csc^2\theta - 1$

$\cot^2\theta$

457

$(((\sec^2\theta - 1) + (\sec^2\theta - \tan^2\theta)) - ((\tan^2\theta + 1) - (\sec^2\theta - \tan^2\theta))) - (1 - \cos^2\theta)$

$((\tan^2\theta + 1) - (\sec^2\theta - 1)) - (1 - \cos^2\theta)$

$(\sec^2\theta - \tan^2\theta) - (1 - \cos^2\theta)$

$1 - \sin^2\theta$

$\cos^2\theta$

458

$(((\sec^2\theta - 1) + (\sec\theta\cos\theta)) - ((\tan^2\theta + 1) - (\sec\theta\cos\theta))) - (1 - \cos^2\theta)$

$((\tan^2\theta + 1) - (\sec^2\theta - 1)) - (1 - \cos^2\theta)$

$(\sec^2\theta - \tan^2\theta) - (1 - \cos^2\theta)$

$1 - \sin^2\theta$

$\cos^2\theta$

459

(((sec²θ - 1) + (csc²θ - cot²θ)) - ((tan²θ + 1) - (csc²θ - cot²θ))) - (1 - sin²θ)

((tan²θ + 1) - ((sec²θ - 1)) - (1 - sin²θ)

(sec²θ - tan²θ) - (1 - sin²θ)

1 - cos²θ

sin²θ

460

(((cotθtanθ) / (sinθ / cosθ))((cosθtanθ) / (sinθ / tanθ))) + (csc²θ - 1)

((1 / tanθ)(sinθ / cosθ)) + (csc²θ - 1)

(cotθtanθ) + (csc²θ - 1)

1 + cot²θ

csc²θ

461

(((tan²θ + 1) - (sec²θ - tan²θ)) + ((1 / tanθ)(sinθ / cosθ))) - (cscθsinθ)

((sec²θ - 1) + (cotθtanθ)) - (cscθsinθ)

(tan²θ + 1) - (cscθsinθ)

sec²θ - 1

tan²θ

462

$(((\csc\theta\sin\theta) + (\csc^2\theta - 1)) - ((1 - \cos^2\theta) + (1 - \sin^2\theta\ ))) - (1 + \cot^2\theta)$

$((1 + \cot^2\theta) - (\sin^2\theta\ + \cos^2\theta)) - (1 + \cot^2\theta)$

$(\csc^2\theta - 1) - (1 + \cot^2\theta)$

$\csc^2\theta - \cot^2\theta$

-1

463

$(((1 + \cot^2\theta) - (\csc^2\theta - 1)) + ((1 + \cot^2\theta) - (\sec^2\theta - \tan^2\theta))) - (\cot\theta\tan\theta)$

$((\csc^2\theta - \cot^2\theta) + (\csc^2\theta - 1)) - (\cot\theta\tan\theta)$

$(1 + \cot^2\theta) - (\cot\theta\tan\theta)$

$\csc^2\theta - 1$

$\cot^2\theta$

464

$(((\cot\theta\tan\theta) / (\cos\theta\tan\theta))((\sin\theta / \tan\theta)(\sin\theta / \cos\theta))) / (\cos\theta\tan\theta)$

$((1 / \sin\theta)(\cos\theta\tan\theta)) / (\cos\theta\tan\theta)$

$(\csc\theta\sin\theta) / (\cos\theta\tan\theta)$

$1 / \sin\theta$

$\csc\theta$

465

$(((\tan^2\theta + 1) - (\csc\theta\sin\theta)) + ((1 / \sin\theta)(\cos\theta\tan\theta))) - (\cot\theta\tan\theta)$

$((\sec^2\theta - 1) + (\csc\theta\sin\theta)) - (\cot\theta\tan\theta)$

$(\tan^2\theta + 1) - (\cot\theta\tan\theta)$

$\sec^2\theta - 1$

$\tan^2\theta$

466

$(((1 + \cot^2\theta) - (\csc^2\theta - 1)) + ((1 + \cot^2\theta) - (\csc^2\theta - \cot^2\theta))) - (\cot\theta\tan\theta)$

$((\csc^2\theta - \cot^2\theta) + (\csc^2\theta - 1)) - (\cot\theta\tan\theta)$

$(1 + \cot^2\theta) - (\cot\theta\tan\theta)$

$\csc^2\theta - 1$

$\cot^2\theta$

467

$(((\tan^2\theta + 1) - (\sin^2\theta + \cos^2\theta)) + ((\tan^2\theta + 1) - (\sec^2\theta - 1))) - (\sec^2\theta - \tan^2\theta)$

$((\sec^2\theta - 1) + (\sec^2\theta - \tan^2\theta)) - (\sec^2\theta - \tan^2\theta)$

$(\tan^2\theta + 1) - (\sec^2\theta - \tan^2\theta)$

$\sec^2\theta - 1$

$\tan^2\theta$

468

$(((sec^2\theta - 1) + (csc\theta sin\theta)) - ((tan^2\theta + 1) - (csc\theta sin\theta))) - (1 - sin^2\theta)$

$((tan^2\theta + 1) - (sec^2\theta - 1)) - (1 - sin^2\theta)$

$(sec^2\theta - tan^2\theta) - (1 - sin^2\theta)$

$1 - cos^2\theta$

$sin^2\theta$

469

$(((tan^2\theta + 1) - (sec^2\theta - 1)) + ((1 + cot^2\theta) - (sin^2\theta + cos^2\theta))) - (sec\theta cos\theta)$

$((sec^2\theta - tan^2\theta) + (csc^2\theta - 1)) - (sec\theta cos\theta)$

$(1 + cot^2\theta) - (sec\theta cos\theta)$

$csc^2\theta - 1$

$cot^2\theta$

470

$(((csc\theta sin\theta) / (cos\theta tan\theta))((sin\theta / tan\theta)(sin\theta / cos\theta))) + (csc^2\theta - 1)$

$((1 / sin\theta)(cos\theta tan\theta)) + (csc^2\theta - 1)$

$(csc\theta sin\theta) + (csc^2\theta - 1)$

$1 + cot^2\theta$

$csc^2\theta$

471

$(((1 / \cos\theta)(\sin\theta / \tan\theta)) + ((1 + \cot^2\theta) - (\cot\theta\tan\theta))) - (\csc\theta\sin\theta)$

$((\sec\theta\cos\theta) + (\csc^2\theta - 1)) - (\csc\theta\sin\theta)$

$(1 + \cot^2\theta) - (\csc\theta\sin\theta)$

$\csc^2\theta - 1$

$\cot^2\theta$

472

$(((\cot\theta\tan\theta) / (\cos\theta\tan\theta))((\sin\theta / \tan\theta)(\sin\theta / \cos\theta))) / (\sin\theta / \tan\theta)$

$((1 / \sin\theta)(\cos\theta\tan\theta)) / (\sin\theta / \tan\theta)$

$(\csc\theta\sin\theta) / (\sin\theta / \tan\theta)$

$1 / \cos\theta$

$\sec\theta$

473

$(((\tan^2\theta + 1) - (\sec\theta\cos\theta)) + ((1 + \cot^2\theta) - (\csc^2\theta - 1))) - (\sec^2\theta - 1)$

$((\sec^2\theta - 1) + (\csc^2\theta - \cot^2\theta)) - (\sec^2\theta - 1)$

$(\tan^2\theta + 1) - (\sec^2\theta - 1)$

$\sec^2\theta - \tan^2\theta$

1

474

$(((1 + \cot^2\theta) - (\csc^2\theta - 1)) - ((\cot\theta\tan\theta) - (1 - \cos^2\theta))) + (1 - \sin^2\theta)$

$((\csc^2\theta - \cot^2\theta) - (1 - \sin^2\theta)) + (1 - \sin^2\theta)$

$(1 - \cos^2\theta) + (1 - \sin^2\theta)$

$\sin^2\theta + \cos^2\theta$

1

475

$(((\sec^2\theta - \tan^2\theta) + (\csc^2\theta - 1)) - ((1 / \tan\theta)(\sin\theta / \cos\theta))) - (1 + \cot^2\theta)$

$((1 + \cot^2\theta) - (\cot\theta\tan\theta)) - (1 + \cot^2\theta)$

$(\csc^2\theta - 1) - (1 + \cot^2\theta)$

$\csc^2\theta - \cot^2\theta$

-1

476

$(((\tan^2\theta + 1) - (\sec\theta\cos\theta)) + ((1 - \cos^2\theta) + (1 - \sin^2\theta))) - (\csc^2\theta - \cot^2\theta)$

$((\sec^2\theta - 1) + (\sin^2\theta + \cos^2\theta)) - (\csc^2\theta - \cot^2\theta)$

$(\tan^2\theta + 1) - (\csc^2\theta - \cot^2\theta)$

$\sec^2\theta - 1$

$\tan^2\theta$

477

$(((\sec^2\theta - \tan^2\theta) + (\csc^2\theta - 1)) - ((1 + \cot^2\theta) - (\sec^2\theta - \tan^2\theta))) / (\sin\theta / \tan\theta)$

$((1 + \cot^2\theta) - (\csc^2\theta - 1)) / (\sin\theta / \tan\theta)$

$(\csc^2\theta - \cot^2\theta) / (\sin\theta / \tan\theta)$

$1 / \cos\theta$

$\sec\theta$

478

$(((1 / \tan\theta)(\sin\theta / \cos\theta)) - ((\csc^2\theta - \cot^2\theta) - (1 - \cos^2\theta))) + (1 - \sin^2\theta)$

$((\cot\theta\tan\theta) - (1 - \sin^2\theta)) + (1 - \sin^2\theta)$

$(1 - \cos^2\theta) + (1 - \sin^2\theta)$

$\sin^2\theta + \cos^2\theta$

1

479

$(((\sec^2\theta - 1) + (\cot\theta\tan\theta)) - ((\tan^2\theta + 1) - (\sec^2\theta - 1))) + (\sec^2\theta - \tan^2\theta)$

$((\tan^2\theta + 1) - (\sec^2\theta - \tan^2\theta)) + (\sec^2\theta - \tan^2\theta)$

$(\sec^2\theta - 1) + (\sec^2\theta - \tan^2\theta)$

$\tan^2\theta + 1$

$\sec^2\theta$

480

$(((\sec^2\theta - 1) + (\sin^2\theta + \cos^2\theta)) - ((1 + \cot^2\theta) - (\csc^2\theta - 1))) + (\sec\theta\cos\theta)$

$((\tan^2\theta + 1) - (\csc^2\theta - \cot^2\theta)) + (\sec\theta\cos\theta)$

$(\sec^2\theta - 1) + (\sec\theta\cos\theta)$

$\tan^2\theta + 1$

$\sec^2\theta$

481

$(((\sec^2\theta - 1) + (\sec^2\theta - \tan^2\theta)) - ((1 / \cos\theta)(\sin\theta / \tan\theta))) + (\sec\theta\cos\theta)$

$((\tan^2\theta + 1) - (\sec\theta\cos\theta)) + (\sec\theta\cos\theta)$

$(\sec^2\theta - 1) + (\sec\theta\cos\theta)$

$\tan^2\theta + 1$

$\sec^2\theta$

482

$(((1 / \cos\theta)(\sin\theta / \tan\theta)) + ((1 + \cot^2\theta) - (\csc^2\theta - \cot^2\theta))) - (\sec\theta\cos\theta)$

$((\sec\theta\cos\theta) + (\csc^2\theta - 1)) - (\sec\theta\cos\theta)$

$(1 + \cot^2\theta) - (\sec\theta\cos\theta)$

$\csc^2\theta - 1$

$\cot^2\theta$

483

$(((\sec^2\theta - 1) + (\sec\theta\cos\theta)) - ((1 / \cos\theta)(\sin\theta / \tan\theta))) + (\csc^2\theta - \cot^2\theta)$

$((\tan^2\theta + 1) - (\sec\theta\cos\theta)) + (\csc^2\theta - \cot^2\theta)$

$(\sec^2\theta - 1) + (\csc^2\theta - \cot^2\theta)$

$\tan^2\theta + 1$

$\sec^2\theta$

484

$(((\sec^2\theta - 1) + (\csc\theta\sin\theta)) - ((1 / \sin\theta)(\cos\theta\tan\theta))) + (\csc\theta\sin\theta)$

$((\tan^2\theta + 1) - (\csc\theta\sin\theta)) + (\csc\theta\sin\theta)$

$(\sec^2\theta - 1) + (\csc\theta\sin\theta)$

$\tan^2\theta + 1$

$\sec^2\theta$

485

$(((1 / \sin\theta)(\cos\theta\tan\theta)) + ((1 + \cot^2\theta) - (\sec^2\theta - \tan^2\theta))) - (\csc^2\theta - \cot^2\theta)$

$((\csc\theta\sin\theta) + (\csc^2\theta - 1)) - (\csc^2\theta - \cot^2\theta)$

$(1 + \cot^2\theta) - (\csc^2\theta - \cot^2\theta)$

$\csc^2\theta - 1$

$\cot^2\theta$

486

$(((1 \ / \ \tan\theta)(\sin\theta \ / \ \cos\theta)) + ((1 + \cot^2\theta) - (\csc\theta\sin\theta))) - (\cot\theta\tan\theta)$

$((\cot\theta\tan\theta) + (\csc^2\theta - 1)) - (\cot\theta\tan\theta)$

$(1 + \cot^2\theta) - (\cot\theta\tan\theta)$

$\csc^2\theta - 1$

$\cot^2\theta$

487

$(((1 \ / \ \cos\theta)(\sin\theta \ / \ \tan\theta)) + ((1 + \cot^2\theta) - (\csc^2\theta - \cot^2\theta))) - (\sin^2\theta + \cos^2\theta)$

$((\sec\theta\cos\theta) + (\csc^2\theta - 1)) - (\sin^2\theta + \cos^2\theta)$

$(1 + \cot^2\theta) - (\sin^2\theta + \cos^2\theta)$

$\csc^2\theta - 1$

$\cot^2\theta$

488

$(((1 \ / \ \sin\theta)(\cos\theta\tan\theta)) - ((\sec^2\theta - \tan^2\theta) - (1 - \cos^2\theta))) + (1 - \sin^2\theta)$

$((\csc\theta\sin\theta) - (1 - \sin^2\theta)) + (1 - \sin^2\theta)$

$(1 - \cos^2\theta) + (1 - \sin^2\theta)$

$\sin^2\theta + \cos^2\theta$

1

489

$(((1 - \cos^2\theta) + (1 - \sin^2\theta)) + ((1 + \cot^2\theta) - (\sin^2\theta + \cos^2\theta))) - (\csc\theta\sin\theta)$

$((\sin^2\theta + \cos^2\theta) + (\csc^2\theta - 1)) - (\csc\theta\sin\theta)$

$(1 + \cot^2\theta) - (\csc\theta\sin\theta)$

$\csc^2\theta - 1$

$\cot^2\theta$

490

$(((\csc\theta\sin\theta) / (\sin\theta / \cos\theta))((\cos\theta\tan\theta) / (\sin\theta / \tan\theta))) - (1 - \cos^2\theta)$

$((1 / \tan\theta)(\sin\theta / \cos\theta)) - (1 - \cos^2\theta)$

$(\cot\theta\tan\theta) - (1 - \cos^2\theta)$

$1 - \sin^2\theta$

$\cos^2\theta$

491

$(((\csc\theta\sin\theta) / (\sin\theta / \tan\theta))((\cos\theta\tan\theta) / (\sin\theta / \cos\theta))) / (\sin\theta / \tan\theta)$

$((1 / \cos\theta)(\sin\theta / \tan\theta)) / (\sin\theta / \tan\theta)$

$(\sec\theta\cos\theta) / (\sin\theta / \tan\theta)$

$1 / \cos\theta$

$\sec\theta$

492

$(((\tan^2\theta + 1) - (\cot\theta\tan\theta)) + ((\tan^2\theta + 1) - (\sec^2\theta - 1))) - (\sec^2\theta - 1)$

$((\sec^2\theta - 1) + (\sec^2\theta - \tan^2\theta)) - (\sec^2\theta - 1)$

$(\tan^2\theta + 1) - (\sec^2\theta - 1)$

$\sec^2\theta - \tan^2\theta$

1

493

$(((1 - \cos^2\theta) + (1 - \sin^2\theta)) + ((1 + \cot^2\theta) - (\csc\theta\sin\theta))) - (\cot\theta\tan\theta)$

$((\sin^2\theta + \cos^2\theta) + (\csc^2\theta - 1)) - (\cot\theta\tan\theta)$

$(1 + \cot^2\theta) - (\cot\theta\tan\theta)$

$\csc^2\theta - 1$

$\cot^2\theta$

494

$(((\cot\theta\tan\theta) + (\csc^2\theta - 1)) - ((1 + \cot^2\theta) - (\cot\theta\tan\theta))) / (\cos\theta\tan\theta)$

$((1 + \cot^2\theta) - (\csc^2\theta - 1)) / (\cos\theta\tan\theta)$

$(\csc^2\theta - \cot^2\theta) / (\cos\theta\tan\theta)$

$1 / \sin\theta$

$\csc\theta$

495

$(((\tan^2\theta + 1) - (\cot\theta\tan\theta)) + ((1 + \cot^2\theta) - (\csc^2\theta - 1))) - (\sec^2\theta - 1)$

$((\sec^2\theta - 1) + (\csc^2\theta - \cot^2\theta)) - (\sec^2\theta - 1)$

$(\tan^2\theta + 1) - (\sec^2\theta - 1)$

$\sec^2\theta - \tan^2\theta$

1

496

$(((\sec^2\theta - 1) + (\sec^2\theta - \tan^2\theta)) - ((1 + \cot^2\theta) - (\csc^2\theta - 1))) + (\sin^2\theta + \cos^2\theta)$

$((\tan^2\theta + 1) - (\csc^2\theta - \cot^2\theta)) + (\sin^2\theta + \cos^2\theta)$

$(\sec^2\theta - 1) + (\sin^2\theta + \cos^2\theta)$

$\tan^2\theta + 1$

$\sec^2\theta$

497

$(((\sec\theta\cos\theta) / (\sin\theta / \tan\theta))((\cos\theta\tan\theta) / (\sin\theta / \cos\theta))) + (\csc^2\theta - 1)$

$((1 / \cos\theta)(\sin\theta / \tan\theta)) + (\csc^2\theta - 1)$

$(\sec\theta\cos\theta) + (\csc^2\theta - 1)$

$1 + \cot^2\theta$

$\csc^2\theta$

498

$(((\tan^2\theta + 1) - (\csc\theta\sin\theta)) + ((1 + \cot^2\theta) - (\csc^2\theta - 1))) - (\sin^2\theta + \cos^2\theta)$

$((\sec^2\theta - 1) + (\csc^2\theta - \cot^2\theta)) - (\sin^2\theta + \cos^2\theta)$

$(\tan^2\theta + 1) - (\sin^2\theta + \cos^2\theta)$

$\sec^2\theta - 1$

$\tan^2\theta$

499

$(((\sec^2\theta - 1) + (\sec\theta\cos\theta)) - ((\tan^2\theta + 1) - (\sec^2\theta - 1))) + (\csc^2\theta - \cot^2\theta)$

$((\tan^2\theta + 1) - (\sec^2\theta - \tan^2\theta)) + (\csc^2\theta - \cot^2\theta)$

$(\sec^2\theta - 1) + (\csc^2\theta - \cot^2\theta)$

$\tan^2\theta + 1$

$\sec^2\theta$

500

$(((\sec^2\theta - 1) + (\sin^2\theta + \cos^2\theta)) - ((1 - \cos^2\theta) + (1 - \sin^2\theta))) + (\sin^2\theta + \cos^2\theta)$

$((\tan^2\theta + 1) - (\sin^2\theta + \cos^2\theta)) + (\sin^2\theta + \cos^2\theta)$

$(\sec^2\theta - 1) + (\sin^2\theta + \cos^2\theta)$

$\tan^2\theta + 1$

$\sec^2\theta$

501

$(((\sec^2\theta - \tan^2\theta) / (\cos\theta\tan\theta))((\sin\theta / \tan\theta)(\sin\theta / \cos\theta))) / (\cos\theta\tan\theta)$

$((1 / \sin\theta)(\cos\theta\tan\theta)) / (\cos\theta\tan\theta)$

$(\csc\theta\sin\theta) / (\cos\theta\tan\theta)$

$1 / \sin\theta$

$\csc\theta$